家风传承

传承

好家风是孩子成长的精神足印

杨文◎著

黑龙江科学技术出版社
HEILONGJIANG SCIENCE AND TECHNOLOGY PRESS

图书在版编目（CIP）数据

家风传承：好家风是孩子成长的精神足印/杨文著
. --哈尔滨：黑龙江科学技术出版社，2022.9
ISBN 978-7-5719-1594-0

Ⅰ. ①家… Ⅱ. ①杨… Ⅲ. ①家庭道德 - 中国 Ⅳ. ①B823.1

中国版本图书馆CIP数据核字(2022)第158651号

家风传承：好家风是孩子成长的精神足印
JIAFENG CHUANCHENG: HAO JIAFENG SHI HAIZI
CHENGZHANG DE JINGSHEN ZUYIN

作　　者	杨　文
责任编辑	孙　雯
封面设计	金　刚
出　　版	黑龙江科学技术出版社
地　　址	哈尔滨市南岗区公安街 70-2 号
邮　　编	150007
电　　话	（0451）53642106
传　　真	（0451）53642143
网　　址	www.lkcbs.cn
经　　销	全国新华书店
印　　刷	文畅阁印刷有限公司
开　　本	710 mm×1000 mm　　1/16
印　　张	15.5
字　　数	158千字
版　　次	2022年9月第1版
印　　次	2022年9月第1次印刷
书　　号	ISBN 978-7-5719-1594-0
定　　价	58.00元

序言

《孟子·离娄上》有这样一句话："天下之本在国，国之本在家。"意思就是，天下的根本在于国家，国家的根本在于每一个家庭。诚然，"家是最小国，国是千万家"，家庭是社会的基本细胞。一个家庭的美好未来同国家和民族的前途命运紧密相连，国家富强、民族复兴最终要体现在千家万户的幸福美满上。

"人必有家，家必有训。"中国自古就是一个重视家庭教育的国度，"家风文化"历经了悠久的历史，积淀了深厚的底蕴，且影响深远，已成为中华儿女流淌在血脉里独有的文化基因。古今多少文人名士受益于良好的家风。曾子杀猪，孟母三迁，这些佳话流传千古；诸葛亮的《诫子书》，陆游的《放翁家训》，这些名篇百世传诵。我们熟悉的苏洵、苏轼、苏辙父子三人，也都是在"扶危济困""志存高远"等优良家风的滋养下，向世人展现了读书正业、孝慈仁爱、为政以德之风。

改革开放40多年来，伴随市场经济的不断发展，我国经济制度、社会结构、家庭结构、价值观念等都发生了深刻变革，社会思潮日益复杂多元，加上全球化背景下家庭文化开放性带来的影响，传承发展中华传统家风家教面临一定挑战。

"忠厚传家久，诗书继世长。"良好的家风不仅对于个人价值的实现有着潜移默化的作用，而且可以助推个人一步一步沿着"修身、齐家、治国、平天下"的台阶，不断向上攀登，为建设社会主义现代化强国贡献力量。奋进新征程，建功新时代，需要我们大力推进新家风建设。

往大了说，家风对国家、对社会都有着不可小觑的影响。往小了说，家风是留给子孙最宝贵的财富。有了良好的家风，我们才能在飞翔时不得意忘形，也能在跌落时怀抱重新起飞的坚定与希望，内化为我们行走世间的底气和勇气。

翻开杨文老师写的这本《家风传承》，一股浓浓的时代气息和文化气息扑面而来。

"家风是什么？"家风是一个家庭的文化、风气。每一个孩子，从出生开始，就已经在祖辈和父母的言传身教中，在日常生活的点点滴滴中，沐浴着家风的熏陶。家风的影响，是一辈子的。

"名人大家的家风是怎样的？"百年梁家、合肥张家、吴越钱家等等，这些名人大家多年来一直在默默地向世人展现他们的勤、俭、善、诚等中华传统美德。

"他们又是如何培养孩子的呢？"这些家庭从小就帮助孩子建立立身处世的基本法则——守规矩、敢认错、爱学习……这些良好的习惯能让他们受益终身，对处于现代社会的我们也同样适用。

"我们该如何建设良好的家风呢？"当然是从小就要着手培养孩子的性格和品德。"德""护""度""严""松""宽""放"这"七经"教我们如何正确育儿，营造良好的家庭氛围。

"两代人的教育观发生冲突时该怎么办？"如今，许多家庭都是三代人共同生活，好家风能在许多时候帮助避免矛盾的发生。但别忘了，"爱"才是家庭中最好的润滑剂。

本书语言质朴，说理有据。书中引用了诸多名人故事、真实案例，读来生动有趣、兴味盎然。其中蕴含的大量的传统家风文化与现代教育方法，令人受益匪浅。这不仅是一本弘扬中华优秀传统家风的佳作，也是一本非常难得的现代家庭育儿宝典。

一本好书自然离不开一位优秀的作者。杨文老师扎根家庭教育研究多年，曾经主编出版的《家园共育　静待花开：家长育儿心得100篇精选》一书获得较好的社会反响，深受广大读者和业内同人的好评。如今，他在如何传承中华优秀家风传统，如何建设良好家风促进家庭和谐等课题研究上亦是较有成就，是一位孜孜以求、潜心钻研的学者。

古人云："正家，而天下定矣。"2022年，《中华人民共和国家庭教育促进法》开始施行，家庭教育开启了新纪元，标志着家庭教育被纳入国家治理体系，其地位从"家事"上升到"国事"的新高度。当今世界正处于百年未有之大变局，我国也正处于实现中华民族伟大复兴的奋进新征程之中，在这样一个崭新的时间节点，需要我们传承"家训文化"，建设新时代新家风，树立家庭教育典范，厚植家庭教育促进法的沃土，以助力家庭教育促进法的落实。

　　愿本书能为弘扬中华民族传统家庭美德尽一份心，为建设和睦家庭、和谐社会景象添一份彩，为培养有理想、有本领、有担当的青少年助一份力，能积极引导向上向善的社会风气，使良好家风代代相传！

　　是为序。

长沙师范学院党委书记，二级教授、博士生导师

罗婷

2022年7月22日于长沙

前言
家风，才是一个家庭最贵的财产

中央电视台有一档节目《家风是什么？》在社会上引起了很大的反响。家风真的还存在吗？中国传统家风在现代家庭中会"水土不服"吗？家风在新时代里会发生新的变化吗？

带着这些疑问，人们开始重新认识家风。我写这本书的目的，也是重新探讨家风在现代家庭教育中的作用。

在谈家风之前，我们先来了解一下什么是家风。顾名思义，家风就是一个家庭的作风和风气，也是一家人的气质。家风可以反映出一个家庭的文化和精神面貌。家风是家庭的精神内核，也是家庭的外在形象。

家风是一种无形的力量，它会在家庭中代代传承，它对孩子的性格、人格、处事方式、情感关系都会产生深远的影响，优良家风对孩子的熏陶是一种无声的教育。家风带给孩子的影响是永久的，孩子从行为到心灵都会打上家风的烙印，而且这种烙印不会被时间冲淡。因此，我们可以毫不夸张地说，有什么样的家风就有什么样的孩子。

优良的家风可以塑造出优秀的孩子，它可以规范孩子的思想和行为，磨炼孩子的品德修养。优良的家风可以为孩子的成长保驾护航，因为在优良家风的熏陶下，孩子已经形成了自己立身处世的准则，这就避免了孩子在人生道路上行差踏错。

家风与家庭的贫富没有关系，与父母的受教育程度也无关，但是与父母的道德修养有关。一对知识分子父母，不一定能为孩子营造出优良的家风；一对大字不识的父母，却有可能培养出品学兼优的孩子，老舍先生的母亲就是如此。

老舍先生在提到母亲对他的教育时说："从私塾到小学、到中学，我经历了起码有二十位老师吧，其中有给我很大影响的，也有毫无影响的，但是，我真正的老师，把性格传给我的，是我的母亲。母亲并不识字，她给我的是生命的教育。"

可见，父母给孩子最好的财富既不是家财万贯，也不是满腹诗书，而是优良的家风。如果一个家庭有好家风，那么就能培养出高素质的孩子。如果一个家庭的家风败坏，那么从这个家庭中走出来的孩子可能会在人生观和价值观上发生偏差，这样的孩子走上社会以后也会四处碰壁，甚至有可能误入歧途。可见家风教育不仅对个人和家庭有重要意义，对国家和社会也会产生积极影响。

既然家风教育如此重要，那么我们应该怎样营造和传承优良家风呢？答案都在本书中。

本书从家庭教育的角度重新解读了新时代的家风，并把中华传统家风与科学教育理念相结合，为读者奉上了一节生动的家庭教育课。

本书分为8章，第1章阐述了什么是家风；第2章点出了家风教育对孩子成长的重要性；第3章介绍了好家风的"六把标尺"；第4章则带读者们领略了几大名门望族的家风家训以及蕴含其中的教育真谛；第5章是正家风教育中的规则；第6章分析和阐述了父母对孩子的影响；第7章介绍了七大实用育儿经；第8章探讨了隔代教育的问题。

在这本书中，我不仅列举了许多案例，让书中的观点和理论更加生动形象，还为读者提供了很多实操方法，让读者可以将理论与实践相结合。我相信，读者朋友们阅读此书后一定会对家风和家庭教育产生新的看法。

家风是代代传承的，是父母留给孩子最宝贵的礼物，为了让这份礼物更有价值，父母们也不能停下学习的脚步。教育孩子本身就是一种修炼，最成功的家庭教育就是父母和孩子共同成长。谨以此书献给各位渴望学习的父母，希望能与大家共勉！

目录
CONTENTS

第2章
有什么样的家风，就有什么样的孩子 / 023

第5章
正家风：帮助孩子建立立身处世的基本法则 / 109

第6章

树家风：孩子的教养，源自父母的修养 / 149

第7章
传家风：七大实用教育经，赓续育儿好传统 / 177

PART 1

留家产，不如留家风

第 1 章

什么是家风

家风是一个家庭最宝贵的财富,为孩子留下万贯家财,不如为他们留下优良的家风。什么是家风呢?家风是一个家庭的文化和风气;家风是一种环境;家风是一家人的气质;家风是"勤""俭""谦";家风是代代传承的优秀品格,是孩子教育的点金棒。

家风，就是一个家庭的文化、风气

任何人都不是孤立成长的个体，从我们出生开始，身边的每个人、每件事都在深刻地影响着我们、塑造着我们，我们每个人的性格、处事方式和品格修养都与周围的环境息息相关。而家庭则是我们人生中的第一个成长环境，也是最重要的成长环境。

我们在家庭中学会吃第一口饭、说第一句话、认识第一个字、交第一个朋友，我们的许多"人生第一课"都是在家庭中完成的。家庭是我们人生的起点，是滋养我们生命的第一块土壤，如果这块土壤是"肥沃"的，那么我们的生命也将变得更加丰盈而美好。

不过，决定家庭这块土壤是否"肥沃"的关键因素并不是物质条件，而是一个家庭的家风。那么，究竟什么是家风呢？

所谓家风，就是一个家庭的文化和风气，它通过祖辈和父母的言传身教在家族中代代传承。家风体现在日常生活的一点一滴中，它约束、规范家庭成员的行为，培养家庭的文化和道德氛围，在潜移默化中影响每个家庭成员的心灵，塑造每个家庭成员的人格。可以说，我们每个人的身上都有着深刻的家风烙印。

在本节中，我将带领大家认识家风、走近家风，了解家风是如何一步步地影响我们、塑造我们的。

一、家风是一个家庭的文化

每个家庭都有自己的文化，而家风就是家庭文化的凝结。家庭文化对于孩子的性情、待人处世、言谈举止、思维方式等方面有着重大的影响，父母应该积极创造正面的家庭文化，树立优良的家风。

我的父亲和母亲就十分重视家风，他们从祖辈那里学习和继承了各种朴素的家规，并用自己的行动践行着它们，同时也深深地影响了我。在待人接物和行为举止方面，父母从小就对我时刻耳提面命，要求我站有站相、坐有坐相。家里有长辈到来时，要起身迎接，主动问候；大人谈话时，不能随意插话。

除了"讲礼仪、敬长辈"以外，"勤劳"也是我们家的家风，虽然父母并没有经常叮嘱我要勤劳，但是他们用自己的行动影响着我。我在后来的工作中也秉持"不怕苦、不怕累"的勤劳作风，努力把工作做到最好。

在我的记忆中，我们家最重要的一条家规就是：长辈不上桌，小辈就不能动筷子。还记得小时候，无论母亲做的菜有多香，我有多想吃，只要父亲还没上桌，我就不能先吃。和爷爷、奶奶、外公、外婆等祖辈一起吃饭时，就要等他们先动筷子。在我们家里，这条家规直到现在依然被执行着，它已经成为我们家的敬老文化和独特家风。

我的父母一生勤勉，始终认真地履行对家庭的责任，他们把对我的爱和教育贯穿于日常生活的点滴中，用自己的言行诠释着家风。自我记事以来，几乎从来没有听到过父母的抱怨，他们也有自己的烦恼，但却从来不在孩子面前说。他们积极向上的生活态度和勤劳踏实的作风时刻都感染着我。

在父母的言传身教下，我懂得了"百善孝为先""一分耕耘、一分收获""积善之家，必有余庆"……这些道理不仅让我受益一生，还会继续传递给我的子女。在这样一代接一代的传递中，一个家庭独有的文化就形成了，这种文化经过提炼、凝聚，就成了家风。

如果一个家庭想要具备优良的家风，父母就要懂得"言传不如身教"，要在日常的一言一行中践行家规、家训，为孩子做好榜样，为整个家庭营造良好的氛围。只有这样，家庭的文化才能形成，家风才能烙印在孩子的心中，并代代传承下去。

二、家风是一个家庭的风气

家风是一个家庭的风气，家庭成员如何做人、做事，都可以反映家风。有的家庭家风优良，因此家庭成员也有勤勉、孝顺、谦逊的作风；有的家庭家风败坏，家庭成员就有懒惰、奢侈、骄横的作风。

当一个家庭有了好家风，家庭成员就有了好作风，那么，整个家庭的风气也是积极向上的。因此，所有的父母都应该以身作则，为孩子树立积极向上的家风，在家庭中营造好风气、杜绝坏风气。

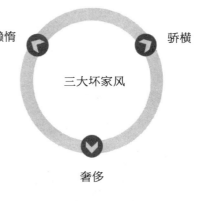

应该杜绝的三大坏家风

在我看来，以下三种坏风气是应该坚决杜绝的。

1. 杜绝懒惰的风气

在一个家庭中，懒惰的风气是最要不得的，无论多么兴旺的家族，只要沾染上了懒惰的风气，就会逐渐走向衰败。相反地，当家庭成员形成了勤奋的作风，他们的工作和生活就会变得越来越好，家族也会因此而兴旺起来。

曾国藩曾提出一个观点，他认为：是否有早起的习惯，可以反映一个家族的兴衰。在他看来，早起是摆脱懒惰的第一步，如果父辈有早起的习惯，子女也会受到正面的影响，整个家庭就会形成勤奋的作风。人人都勤奋努力，家族自然会兴旺。

父母应该从生活的方方面面做起，营造勤奋的家庭风气，让孩子也受到感染，成为一个勤奋努力的人。

2. 杜绝骄横的风气

不骄横霸道，不仗势欺人，是一个家庭搞好邻里关系、结交亲朋好友的基本前提。在生活中，那些过于骄横、喜欢欺负别人的人，最终只能咽下苦果。因为，骄横的人一旦失了势，就会面临墙倒众人推的局面。

如果一个家庭中形成了骄横的风气，那么家庭成员在做人做事的时候，也会变得霸道蛮横，甚至有可能触犯法律，而这些会给家庭埋下隐患。为了让家庭更兴旺、更和谐，我们必须杜绝骄横的风气，加强子女的道德教育，让家庭中形成善良宽容、低调谦虚的风气。

3. 杜绝奢侈的风气

在消费主义盛行的今天，人们的购买欲望不断膨胀，因此出现了很多过度消费、奢侈成风的现象。有人认为，只要物质条件允许，奢侈一点儿没什么。但是，他们却忽略了一个道理，那就是"由俭入奢易，由奢入俭难"，如果一个人、一个家庭养成了奢侈的风气，那么，当家庭出现变故时，经济上就会很快入不敷出，让整个家庭陷入困境。

无论我们的家庭是贫穷还是富裕，都应该杜绝奢侈的风气，我们应该把节俭作为家风传承下去。因为，节俭不仅能保证家庭财产不被浪费，也能提醒我们居安思危。

家风是一个家庭的文化和作风，是孩子成长的重要"养分"，为了家庭的和谐兴旺，为了孩子的健康成长，我们必须传承和发扬优秀的家庭文化，杜绝不良的家庭风气，规范家庭成员的言行，树立严谨、优良的家风。

三、家风是一家人的"气质"

我们常说"不是一家人，不进一家门"，这说明来自同一个家庭的人身上，有某些相同的气质，而这些相同的气质就是我们所说的家风。家风是一家人的"气质"，它可以反映出一个家庭的独特之处。

每一个家族在长期延续的过程中，都会形成自己独有的风尚和气质，这种气质是看不见摸不着的，但它又存在于家庭的日常生活中。每个家庭成员的举手投足之间都体现着这种独特的气质，我们可以将它看成一个家庭的传统和家风。

家风是经过长期筛选和沉淀的结果，是一代又一代人智慧的结晶，是一个家庭的性格和气质。它一旦形成，就会成为家庭的重要资源和宝贵财富，对家族成员和后辈起到教化和熏染的作用。《魏书》中的"渐渍家风"诠释的就是这种"润物细无声"的过程。

有的家庭家风勤奋俭朴、忠厚有礼，有的家庭则家风奸猾刻薄、骄横傲慢。因此，来自不同家庭的人，在气质上也会有所不同，如果一个家庭的家风优良，那么家庭成员的气质也一定是正面的、积极的，关于这一点，我深有体会。

我之前有一个同事，他有个9岁的儿子，我只见过同事的儿子三次，每一次都看到这个孩子哭闹不止。按理说，9岁的孩子已经开始懂事了，可是我每次看到这个男孩，他都在大哭大闹，甚至在地上打滚、说脏话。我想一次有可能是巧合，如果每次都是这样，那就说明这个孩子的教育出了问题。

当我再联想到孩子的爸爸，也就是我的同事的时候，我心中就有了答案。我的这个同事脾气比较暴躁，经常和其他人起冲突，不只一次在单位拍桌子。而且他和妻子的关系也不太好，两口子经常闹矛盾，有一次还闹到了公司。如果父母经常争吵、脾气暴躁，孩子也不会成为一个脾气温和的人。如果一家人都脾气急躁，就说明他们的家庭不够和谐。

从我同事一家人身上，我看到了家风对家庭成员的影响，父母对孩子的影响。家风是一家人的气质，为了让家庭成员拥有好的脾气性格和精神面貌，我们就要振兴家风。

那么，我们应该如何振兴家风呢？我有三个观点，希望能给大家带来一些思考。

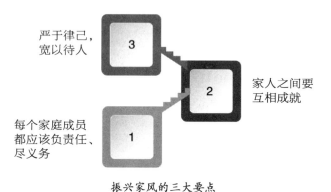

严于律己，宽以待人
3

家人之间要互相成就
2

每个家庭成员都应该负责任、尽义务
1

振兴家风的三大要点

第一，每个家庭成员都应该负责任、尽义务。

在一个家庭中，丈夫有丈夫的责任和义务，妻子有妻子的责任和义务，孩子有孩子的责任和义务。只有每个人都认识到自己的责任和义务，做好自己的分内事，整个家庭才能和谐地运转下去。

试想一下，如果在一个家庭中，父母不尽到抚养子女的责任，孩子也不孝敬父母，不照顾父母的晚年，那这个家庭的家风就是冷漠而自私的。

只有每个家庭成员都做到自己该做的事，家庭才会和睦，家人之间的感情才会愈加浓厚。比如，父母认真工作、照顾家庭，尽心尽力地照顾孩子、教育孩子成才；子女认真学习、孝敬父母长辈，为父母分担家务；祖辈体谅子女，爱护孙辈，用慈爱之心对待晚辈等。

当然，"做好自己的分内事"这件事说起来容易做起来难，我们不仅要有责任心，有爱心，还要有能力，才能扮演好自己在家庭中的角色。振兴家风，家庭中的每个人都要付出努力，让自己变得更优秀。

第二，家人之间要互相成就。

家人之间的关系是世界上最亲密的关系，具有最牢固的情感纽带，所以家人之间应该互相支持、互相成就。

为什么这么说呢？因为家庭是我们每个人的港湾，当我们还是孩子的时候，家就给予了我们无限力量；当我们长大以后，我们也会成为其他家人的精神支柱。所以我们要支持自己的家人，与家人互相成就。

父母为孩子提供好生活，认真教育孩子，为孩子创造好家风，就是在成就孩子。孩子长大后反哺父母、照顾父母，也是在成就父母。当家人遇到困难时，我们应该伸出援手，尽自己最大的力量帮助他们。

当一个家庭形成团结互爱的氛围时，还会没有和谐优良的家风吗？

第三，严于律己，宽以待人。

"严于律己，宽以待人"这句话放在任何情景下都是适用的，在家庭中也同样如此。如果每个家庭成员都能够做到"严于律己"，恪守道德规范，做好自己的分内事，那么整个家庭的家风就会变得和谐而积极。

如果家庭中的每个人都能"宽以待人"，用宽容的心对待家人，不斤斤计较，那么家庭中的矛盾就会减少很多，家庭关系也会变得更加和谐。

家风是一家人的气质，每个家庭成员的身上都能反映出家风，而家庭成员的言行也会反过来影响家风。所以，振兴家风需要每一位家庭成员的努力。

蓬生麻中，不扶而直：家风是一种环境

《荀子·劝学》中写道："蓬生麻中，不扶而直；白沙在涅，与之俱黑。"从字面上理解，这句话的意思是说，蓬生长在麻田里，不用扶持也能自然挺直；白色的细沙混在黑土中，也会跟土一起变黑。

稍加引申，它实际就是在告诫我们，当人生活在好的环境里时，便能健康成长；而如果生活在污秽的环境中，也会随着环境而变坏。

把这句话运用到孩子的家庭教育中，同样非常合适。

在家庭教育中，家风就是"麻地"和"黑土"，家风的好坏，也就决定了孩子的好坏。换言之，家风是一种环境，在这种环境中耳濡目染和潜移默化，孩子也会在不知不觉中形成为人处世的准则。

关于这一点，我们可以从一个典故中探究一二。

唐代文学家韩愈擅写墓志，当年，他在给房启写墓碑铭文时，曾这样写道："公胚胎前光，生长食息，不离典训之内，目濡耳染，不学以能。"而韩愈之所以做出这样的评价，是因为房启的曾祖父房融和祖父房琯都是唐代著名的宰相，其父亲房乘也官至秘书少监。在韩愈看来，生于儒宦世家的房启，深受纯正的家风、严格的家训的影响，在长期的耳濡目染和潜移默化中，似乎不用专门去学，便能具备各种能力。

事实上，韩愈的这篇墓碑铭文背后所折射出的，就是家风对一个人的深刻影响，从某种程度上来说，它也解释了家风的具体来源。就如温柔和煦的春风一般，家风虽然看不见、摸不着，但它所蕴含的巨大能量却是毋庸置疑的。它是一种环境，它雕刻着孩子的性格，也决定着孩子的品性；它来源于父母的言传身教，也来源于祖祖辈辈的家族成员良好精神风貌的沉淀和积累。

对尚未成年的孩子而言，他们的精神和性情往往还没有定型，他们的行为和习惯也还处于养成阶段。在这一时期，善于模仿、思想单纯、是非分辨能力差，但可塑性强的他们往往很容易受到身边的家人，尤其是父母的熏染。于是，家人与父母的一言一行、一举一动，即便他们不是有意识地去学，也会在长期的熏陶和潜移默化的影响中，自然与之相似。

比如，在现实的生活中，我们常常可以看到类似的情形：那些父母遇事经常爱发脾气、爱骂人的家庭培养出来的小孩，遇事往往也爱发脾气、骂人；而那些父母经常关心他人、帮助他人的家庭培养出来的小孩，往往也具有温暖的爱心。

正如古人所说的那样："贤师良友在其侧，诗书礼乐陈于前，弃而为不善者，鲜矣。"家风是一种环境，孩子生活在什么样的家风环境中，就会成为什么样的人。反过来，父母希望孩子成为怎样的人，那么，就应该努力为孩子营造什么样的家风环境。

问题是，作为父母，在教养孩子的过程中，我们又该如何为孩子营造良好的家风，让孩子在好家风、好环境的耳濡目染和潜移默化中健康快乐地成长呢？

具体来说，为了给孩子营造良好家风，作为父母，我们可以从以下两方面去着手。

一、营造良好的家庭氛围和家庭环境

家是孩子成长的摇篮，而家人之间的相互尊重、相互理解和相互支持则是孩子成长的幸福底色。在任何一个家庭中，父母的关怀、家庭的温暖、民主平等的关系、文明礼貌的风气、奋发向上的精神力量，对孩子的成长都具有至关重要的积极催化作用。

通常，一个在爱的滋润下长大，和家人之间具有紧密情感联系的孩子内心往往更包容、更柔软；反之，一个和家人之间情感疏离的孩子，则更容易性格孤僻和扭曲，也更容易缺乏安全感和内心的温暖。

从这个角度来说，营造和睦的家庭氛围，让孩子沐浴着温暖和爱长大，是创造良好家风的先决条件，也是家庭教育的基础和起点。

这里所指的为孩子创造优美的家庭环境，并不是指把家里装饰得多豪华，也不是指生活用品多高档，而是指要保持家里的干净、整洁，让家里充满文化和知识的氛围，从而带给孩子一种美的享受和一种精神上的愉悦感，让孩子具有向上的精神力量。

二、发挥家长的榜样作用

孩子具有极强的模仿能力，在孩子成长的过程中，父母的一言一行都会对孩子产生重要的影响，这一点是毋庸置疑的。因此，要想为孩子营造良好的家风，作为父母，还要发挥自己的榜样作用，引导孩子养成良好的习惯，提高孩子的情商和为人处世的能力。

正如哲学家托尔斯泰曾说过的那样："全部教育，或者说千分之九百九十九的教育都归结到榜样上，归结到父母自己的端正和完善上。"对于孩子来说，良好的家庭教育至关重要，区别于学校教育和社会教育，它最大的奥秘便在于父母"潜移默化"的言传身教和家风"润物细无声"的浸润作用。

"俭、勤、谦"三字是家风核心

在给子女的家书中，曾国藩曾写道："家败离不得个奢字，人败离不得个逸字，讨人嫌离不得个骄字。"可以说，这寥寥数语，几乎囊括了一个人一生成败的关键，是指导今人持家、处世、做人的重要原则。

曾国藩提到的败家根源是"奢""逸""骄"三字，是我们在对孩子进行家风教育时必须戒掉的三个字。与之相对的，我们应该提倡的家风是"俭""勤""谦"。

三大核心家风

一、优良家风离不开"俭"字

晚唐诗人李商隐曾在诗中写道："历览前贤国与家，成由勤俭败由奢。"如果我们翻开波澜壮阔的历史画卷，就会发现，从古至今，一个家族的长盛不衰，一定是因为懂得勤俭之道，比如人才济济的钱学森家族、家风淳朴的曾国藩家族；而一个家族的衰败没落，则多源于一个"奢"字，比如酒池肉林的商纣王、奢侈腐化的晚清八旗。

从这个角度来说，作为家长，要想让自己的孩子将来有所建树，成为有用之材，那么，我们就必须让孩子学会"俭"。而要做到这一点，父母首先就必须做到以身作则，为孩子营造良好的家风，教孩子学会简朴、朴素。

我的一位朋友曾和我说过这样一个故事。

有一次，朋友的姐姐因为工作繁忙，没时间接孩子放学，便委托朋友帮忙去接一下刚上小学的外甥，顺便带他在外面吃顿饭。

放学后，朋友如约接到了孩子，并按照姐姐的要求，带他去饭店吃饭。刚坐下，孩子就娴熟地比了一个手势，示意服务员过来，然后又轻车熟路地开始点菜，并且点的菜都是比较贵的。

在点了三菜一汤和一份饮料后，朋友试图阻止孩子，告诉他菜够了，两个人吃不了那么多。没想到，孩子十分不屑地看了他一眼说："舅舅，你怎么这么小气啊，放心，今天不用你请，我妈给我钱了，你想吃什么就点。"

孩子的话让朋友十分震惊。可是他再一想到孩子从小的生活经历，便觉得孩子能做出这样的举动、说出这番话并不奇怪。原来，朋友的姐姐和姐夫平时都很忙，陪伴孩子的时间不多，所以他们就尽力在物质上弥补孩子。从小，孩子要什么就给什么，孩子的吃穿用度都是最好的。渐渐地，孩子便养成了奢靡的性格。

不知道从这个故事中，大家是否会找到自己教育孩子时的影子。我们说，没有一个孩子是天生就知道节俭的，也没有一个孩子是天生就奢侈浪费的。而决定孩子节俭或奢侈的，正是父母的引导和家风的熏陶。懂得节约、知道节俭的父母教育出的孩子，一定也是简单质朴的；相反，奢靡成性、铺张浪费的父母也一定会从小便在孩子的内心深处种下奢靡的种子，让奢靡成为孩子的一种本性，影响孩子的一生。

更严重的是，正如中国有句古话所说的那样："由俭入奢易，由奢入俭难。"在孩子成长的过程中，一旦被打上了奢侈的烙印，那么当发现问题后，希望孩子戒掉这种习惯，回归简单朴素就会变得异常困难。

因此，作为父母，从孩子出生的那一刻起，从我们准备好成为父母的那一刻起，就应该传承和发扬勤俭的传统美德，为孩子营造节俭的良好家风，帮助孩子剔除奢靡浪费的成长基因。

二、优良家风离不开"勤"字

北宋欧阳修在《新五代史·伶官传序》里说："忧劳可以兴国，逸豫可以亡身。"所谓"忧劳"就是勤奋；"逸豫"就是安闲、安乐，它代表贪图安逸和游手好闲的生活方式。安逸和懒惰会腐蚀我们的斗志、促使我们退化、阻碍我们追求幸福，而勤奋则可以让我们在人生的道路上不断进步。

从这个角度来说，作为父母，当我们在教育孩子的时候，一定要让孩子明白安逸的坏处，让孩子养成勤劳自律的习惯。说到这里，父母们不妨认真回想一下，在现实生活中，你的孩子是否也曾说过"好无聊"之类的话。为什么孩子会发出这样的感叹呢？其实，这正是因为他们过得太安逸了。

对比一下，过去的孩子，哪有时间发出这样的感慨？以前的孩子除了要读书，还要承担力所能及的家务，根本没有时间无聊。可是如今的孩子呢？在家里被几个大人宠着，平日里除了读书、学习，好像就没有什么正事了。他们不需要劳动，事事都有人安排规划，也不需要对他人付出，所以尽管他们拥有丰富的物质生活，可是他们的内心却很空虚，精神生活也很匮乏，而这也就是安逸生活带给他们的最直接的负面影响。

《周易》里写道："天行健，君子以自强不息。"意思是说，人只要活着，就应该学会在忧劳困苦中磨炼自己，而不应该贪图安逸。所以在养育孩子的过程中，作为父母，应适当地要求孩子做一些力所能及的家务，让孩子勤劳一些，多承担一些对家庭的责任。

三、优良家风离不开"谦"字

营造良好家风的最后一个字就是"谦"，这里的"谦"，代表的是谦恭、谦逊。

明朝杰出的思想家王阳明在教育自己的孩子时曾说过："今人病痛，大段只是傲。千罪百恶，皆从傲上来。"的确，"满招损，谦受益"，骄傲自满是一个人前进路上的绊脚石。这是因为，人一旦骄傲，势必就会失去上进的动力，变得居高临下、颐指气使，对所有的事情以及各个方面都放松警惕。所谓的"骄兵必败"，说的便是这个道理。所以，父母应该让孩子去掉骄傲之气，成为一个谦恭有礼的人。

那么，父母应该如何帮孩子远离骄傲自满，变得谦恭、谦逊起来呢？下面，我将和大家分享几个小绝招。

1. 让孩子找回理智

教孩子学会理智是让孩子远离骄傲自满的第一步。这里的理智，既是指情绪上的理智，也是指行动上的理智。简单来说，就是要教育孩子，当取得一点儿成绩的时候，不要沾沾自喜，而应该保持理智，在看到成绩的同时，也要看到自己的不足。

2. 奖惩并施，恩威并重

教育孩子时奖励与惩罚并施也是帮助孩子摆脱骄傲自满的一个好方法。这是因为，如果父母一味表扬孩子，容易造成孩子的自以为是和骄傲自满；而如果一味批评孩子，又容易导致孩子失去自信。而只有奖励与惩罚并施，才能让孩子树立正确的三观。

3. 让孩子体会挫折和失败

从某种意义上而言，一帆风顺的人生并不是真正好的人生，因为人生太过一帆风顺的孩子，更容易变得骄傲自大。因此，适当地让孩子体会挫折，让孩子知道在这个世界上也有自己解决不了的事情，可以很好地引导孩子向他人学习、求助，从而更好地促进孩子的进步。

4. 让孩子正确地认识自己

作为父母，在教育孩子的过程中，我们一定要向孩子灌输"人无完人"的观念，让孩子学会正确地认识自己，既能看到自己的优点，又能看到自己的缺点，并且引导孩子做到查缺补漏，学习别人的优点，弥补自己的不足。只有这样，才能帮助孩子保持健康的心态，促进孩子更好地成长。

总之，优良家风离不开"俭""勤""谦"三字，如果孩子能把这三个字都做到了，就一定能成长为一个优秀的人。

第 2 章

有什么样的家风，
就有什么样的孩子

家风就像空气，充斥在每个家庭成员的日常生活中，有什么样的家风就有什么样的孩子。家风的传承影响着家族中的每一代人，好家风让家中的每个人都受益匪浅。为了让孩子健康成长，父母必须言传身教，把爱和优良家风一代代传承下去。

一个家族最好的家风就是将爱世代传递

　　只有在爱与关怀下成长的人，才能学会如何爱别人、爱自己。在家庭中，如果所有人都能够互相关怀与爱护，那么这个家庭一定会充满和谐与幸福。一个家族最好的家风就是把爱世代传递，让孩子在爱中成长，在家风的熏陶中学会爱、传递爱。

　　赠人玫瑰，手留余香，传递爱的人必定能够收获快乐，也能够用最美好的赤子之心去面对生活。如果父母能把人间至善至美的爱传递给孩子，那么孩子也会成为一个给予爱、收获爱的人，这样的人怎么会不幸福呢？

　　提起家风和爱，我就会不由得想起记忆深处的那个小女孩。有一次，我在路上遇到了一位行动不便的老人，那位老人在交通状况混乱的街道上缓缓挪动，周围车来车往，老人一不小心就会被撞到。

正当我准备去帮忙的时候，一个小女孩牵着妈妈的手来到了老人的身边，她们缓缓地跟随在老人身后，直到老人走到了比较安全的地方才离开。我很奇怪，为什么她们不直接把老人搀扶过去，小女孩的妈妈也发出了同样的疑问："宝宝，你为什么不直接把爷爷扶过马路呢？"

小女孩稚嫩的声音从我身后传来："老爷爷的腿受伤了，他本来已经很伤心了，如果我们扶了他，他就会想起自己腿上的伤，会更难过的。"

小女孩的妈妈说："宝宝真棒，懂得关心别人，妈妈今天要好好表扬你。"

我虽然不了解小女孩的家庭状况，但我知道她一定成长在一个充满爱的环境中。因为，只有沐浴着关怀与爱的孩子，才会这样发自内心地关怀他人。爱，是父母给孩子的最好的财富，也是一个家族应该世代传递的家风。

一、爱，是父母留给孩子最好的财富

我们常说中国的父母是最操心、最无私的父母，他们总是怕自己给孩子的不够多，想竭尽所能地为孩子留下些什么。其实，父母最应该留给孩子的不是房子、车子、金钱等物质财富，而是以爱为核心的家风。爱的教育、爱的传承，是父母留给孩子的最珍贵的财富。

那么，父母应该传承给孩子的爱到底是什么呢？

1. 爱是关心和照顾

父母的关心和照顾是孩子最需要的，也是传递爱的最佳途径。许多父母为了给孩子创造良好的物质条件，一心扑在工作上，每天忙得像上了发条，根本没有时间分给孩子。于是，很多孩子都是在爷爷、奶奶、外公、外婆或者保姆的照顾下长大的，这些孩子虽然有丰富的物质生活，也有其他人的关爱，但却缺少了父母的陪伴。

在成长的过程中，缺少父母的关爱和照顾，对孩子来说是一件非常遗憾的事。父母是孩子最依赖、最亲近的人，只有父母的关怀和爱，才能让孩子充满安全感。父母应该抽出时间关心孩子、照顾孩子、陪伴孩子，让孩子幼小的心灵得到更多的滋养。

2. 爱是教育和培养

中国有句老话："生而不养，鸟兽不如，养而不教，愧为父母。"父母把孩子带到世界上，就有教育和培养孩子的义务。对孩子的教育和培养能体现父母的爱，著名作家、翻译家傅雷就是教育孩子、培养孩子的典范。傅雷将自己的儿子傅聪培养成一位钢琴大师，将自己的次子傅敏培养成英语特级教师。如果不爱孩子，傅雷又怎么会苦心孤诣地教育孩子成才呢？

古人说"溺子如害子"，真正爱孩子的父母不会一味溺爱孩子，因为他们知道，只有教育和培养才会让孩子有更好的未来。因此，父母要重视孩子的教育，营造优良的家风，对孩子有爱也有严，让孩子成长得更健康、更茁壮。

父母用爱养育孩子，把爱传递给孩子，孩子自然会成为一个心中有爱的人。如果孩子心中有爱，他就会对身边的一切充满感恩和欢喜；如果孩子心中有爱，他就会在自己的人生道路上无所畏惧地前进；如果孩子心中有爱，他就会拥有知心好友、亲密爱人和幸福家庭。

二、正面鼓励，让孩子学会爱

父母不仅要关爱孩子、照顾孩子、教育孩子，让孩子在爱中成长，还要用自己的一言一行教会孩子爱别人、爱自己、珍惜爱、给予爱。

在生活中，我发现有些家长虽然很爱孩子，但却不重视对孩子的爱心教育，进而让孩子变得越来越狭隘和自私。我认为，在孩子的成长过程中，父母应该有目的、有针对性地培养孩子的爱心，让孩子学会爱，只有这样才能真正形成有爱的家风。

正面鼓励、赏识孩子的善举是培养孩子爱心的第一步，当孩子做出善良、有爱心的举动时，父母要马上给予赞赏和鼓励，让孩子的有爱行为得到正面强化。而且，孩子年龄小、能力有限，他们的善举有时候需要父母的协助才能完成。

小轩是一个很有爱心的孩子，他很喜欢小动物，有一次他在公园里发现一只受伤的小鸟，小鸟的翅膀折断了，怎么挣扎也飞不起来。于是，小轩焦急地对爸爸妈妈说："爸爸、妈妈，小鸟的翅膀流血了，我们帮帮它吧！"

小轩的妈妈想了想，决定支持孩子的善举，她说："我们可以把小鸟带回家养伤，但是爸爸和我都很忙，你要承担起照顾小鸟的重任，好吗？"

小轩开心地答应妈妈："没问题，我会好好照顾小鸟的。"

小轩的爸爸妈妈先带着小鸟去了宠物医院包扎好翅膀，然后又买了一些鸟食，就带着小鸟回家了。小轩每天悉心照顾这只受伤的小鸟，在小鸟痊愈后，他和爸爸妈妈一起把小鸟放归了大自然。

案例中，小轩的父母做得非常好，他们不仅肯定了孩子的善举，还创造条件帮助孩子完成善举，让孩子在照顾小鸟的过程中亲近了动物和大自然。

父母在培养孩子的爱心时，也要像小轩的父母一样，及时给孩子提供支持和帮助，让孩子更有做好事的动力。如果父母拒绝帮助孩子做好事，就会让孩子产生错误的印象，认为做好事是不应该的，也是得不到支持的，长此以往，孩子的爱心就会逐渐磨灭了。当父母帮助孩子完成一件善举后，孩子会感受到父母对自己的鼓励和肯定，他们在以后的生活中会更加积极地表达自己的善意。

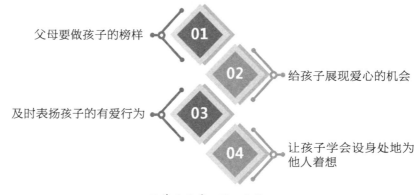

培养孩子爱心的四个技巧

父母要做孩子的榜样　01
02　给孩子展现爱心的机会
及时表扬孩子的有爱行为　03
04　让孩子学会设身处地为他人着想

想让孩子有爱心，家长就要用自己的言行去影响孩子、支持孩子。那么，父母应该怎样做呢？我有几点建议：

1. 父母要做孩子的榜样

父母和长辈要给孩子灌输这样一个观点：尊重别人，别人才会尊重你；爱护别人，才能得到别人的爱护。人与人之间的关系是相互的，只有付出，才能得到。父母应该以身作则，在平时的生活中尊老爱幼，主动帮助他人，用自己的爱心和善举影响孩子，让孩子形成正确的价值观，以及助人、行善的行事准则。

2. 给孩子展现爱心的机会

人之初、性本善，每个孩子天生都有一颗善良的心，但是，有时父母却在无形中剥夺了孩子展现爱心的机会。父母应该给孩子创造机会，让孩子学会关爱他人，比如长辈过生日时，让孩子送上自己的祝福和礼物。当孩子有所行动之后，父母应该给予孩子肯定，这样一来，孩子也会在付出爱心的同时感到愉悦。

3. 及时表扬孩子的有爱行为

不管孩子做的好事有多小，家长都要及时表扬，让孩子明白"莫因善小而不为"的道理，并激励他以后继续做出有爱的善举。有时候，孩子做好事之前没有征得家长的同意，为家长带来了麻烦，这个时候家长也不要指责孩子，而是要对孩子说："宝贝，你这样做是对的，但是下次做事情之前要和爸爸妈妈商量一下，也许爸爸妈妈会有更好的办法。"想让孩子的心田上开出真善美的花朵，父母就要及时灌溉、呵护孩子心中爱的幼苗。

4. 让孩子学会设身处地为他人着想

父母要让孩子学会设身处地地为他人着想，教会孩子理解他人的难处，站在他人的角度看问题，只有这样，孩子才会拥有共情的能力。拥有强大共情能力的孩子，在与人相处的时候会真诚地关心他人的感受，试问，这样的人怎么会不受人喜爱呢？

一个有爱心的人，会受到他人的喜爱和尊重；一个有爱心的家庭，会拥有幸福和谐的生活。把爱世代传递下去，是一个家族最好的家风，而爱的产生，关键在于父母，有爱心且懂得言传身教的父母一定能教育出有爱心的孩子。

爱的力量是神奇的，它教会我们如何与他人相处、如何看待世界，心中有爱，生活将充满阳光。为了让孩子在爱中成长，并学会爱人、爱己，父母应该营造充满爱的家风，并把它世代延续下去！

父母是孩子的榜样：好家风世代相传

如果说，家庭是孩子的第一所学校，那么父母就是孩子的第一任老师。孩子的言行和处事，都出自家风的熏陶和父母的教育。

家风是代代传承的，有什么样的父母和家风，就很可能有什么样的孩子。孩子的世界观、价值观、人生观由家风和父母的教育塑造，而世界观、价值观、人生观又决定了孩子会成为一个什么样的人、过什么样的生活。

在家风优良的家庭中长大的孩子，会拥有较好的品性和更健康的心理，他们人生的道路会更宽阔和顺遂。在家风败坏的家庭中成长的孩子，更容易沾染上恶习，性格上也更容易有缺陷，他们的一生中会遇到更多的挫折和不幸。

一、父母是孩子最好的人生导师

营造好家风、传承好家风，应该从父母开始，因为父母是孩子最好的人生导师。"有其父必有其子"这句俗语形象生动地阐明了父母对孩子的影响。在心理学上，关于原生家庭的研究也充分印证了这个观点，心理学家认为：原生家庭在孩子身上打下的烙印是不可磨灭的，它将伴随孩子的一生，并对孩子的人生造成不可逆的影响。因此，父母应该时刻审视自己，审视自己家庭的家风，不要让坏家风耽误了孩子的一生。

中国近代思想家、教育家、文学家梁启超非常重视孩子的教育，在子女的教育问题上，他一直亲力亲为，并用自己的言行为子女树立榜样，让自己成为子女们人生道路上的一盏明灯。

梁启超有9个孩子，他对每个孩子都同样关注，孩子生病了他会亲自探望和照顾，对孩子的生活也十分关心，就连女孩子衣服的花色，他都会提出建议。梁启超经常通过信件与孩子沟通，他会根据每个孩子的性格特点，给予他们指导和帮助。

人们常用"沉默""含蓄""父爱无言"等词语来形容父爱，但梁启超给孩子的父爱却不是这样，他会把自己对子女的爱用行动和语言表达出来，让孩子们充分体会到他的关心与爱护。

梁启超同样重视孩子的德行，他对孩子们说："如果做成一个人，智识自然越多越好；如果做不成一个人，智识却是越多越坏。"在他的谆谆教诲下，他的孩子们都成了心中有家国，懂得坚守底线的人。梁启超的9个子女中有7人留学海外，但他们学成之后无一例外地选择回到自己的祖国，梁思成和梁思永更是宁愿离开北平过着颠沛流离的生活，也不愿为日本人效力。

值得一提的是，梁启超的孩子中，没有一个继承父亲的衣钵，他们都选择了自己喜欢的专业，并取得了令人瞩目的成就。梁启超常对孩子们说："人生没乐趣，要来何用。"他支持孩子们选择自己喜欢的专业，也十分尊重孩子自己的想法。

梁启超既是孩子们的父亲，又是他们的人生导师，从他对子女的教育中，我们可以看出，优秀的父母永远都是孩子最好的老师。父母陪伴孩子的时间是最长的，这一点是任何老师都比不上的。因此，父母对孩子的影响是非常深远的，我们从孩子的身上能看到父母的影子。

为人父母，就应该意识到自身的重大责任，要努力为孩子营造良好的家风，并且努力从自身做起，用自己的一言一行去感染孩子、影响孩子，让孩子拥有良好的品性，学会与世界相处。

二、做营造好家风的父母

想要孩子有一个好的成长环境，父母首先要以身作则，用自己的行动营造和传承好家风。能够营造好家风的父母一般具有以下几个特点：

好家风的父母应具备的特点

1. 有格局

所谓的格局，简单来说，就是一个人的眼界、胸襟、胆识等心理要素的内在布局，它虽然看不见、摸不着，却往往决定了我们人生的高度和宽度。

在教育界，有这样一句至理名言：穷养和富养，都不如有格局父母的教养。而拥有良好家风的父母，一般都非常注重格局，他们懂得让孩子自己去寻找和发现，而不干涉孩子的自由；他们不屑于给孩子贴标签，往往更看重孩子的品格，能够根据自己走过的路来启发孩子，对孩子进行深入的滋养。这样培养出来的孩子，往往更独立也更自信。

2. 重承诺

在我进行家教研究的过程中，我发现许多父母在教育孩子的时候都存在这样一个问题：言行不一致。

比如，我的一位朋友小敏就曾和我说过自己的成长故事。小时候，父母为了鼓励小敏好好学习，总是会给予小敏一些口头承诺。比如，如果小敏考了班级前三名，就给小敏买她心仪的洋娃娃；如果小敏成绩上升，就带小敏出去旅游。最开始，父母的这些承诺的确对小敏起到了极大的激励作用，小敏表现得也十分积极。

可是慢慢地，小敏发现，父母每次都只是给自己画了一个大饼，而当小敏真正做到了他们所希望的那样的时候，他们的承诺却从来没有兑现。于是，小敏的积极性受到了极大的打击，父母的话再也不能对她起到任何的激励作用了。

更严重的是，她发现，因为这件事，她和父母之间渐渐地也有了隔阂，她变得不再信任父母了，内心也强烈缺乏安全感，而她对其他人的信任也变得脆弱了。

小敏的故事，其实就能够给父母们很好的启发。父母的言行不一致，对于孩子内心安全感和信任感的构筑，往往具有毁灭性的破坏作用，应该格外引起父母的重视。

3. 能自律

前不久，我去一个朋友家做客，其间，我注意到了这样一幕：吃饭的时候，朋友刚2岁的小儿子全程自己动手，而且一点儿也不挑食，饭菜上来的时候，也不争抢，想要什么就要大人帮忙夹。饭后，朋友让孩子吃水果，孩子拿了一块后，就乖乖下桌了。

要知道，2岁的孩子，天性便爱霸占好吃的，而朋友的孩子之所以表现得如此有节制，很大程度上都应该归功于朋友夫妻二人，他们可是出了名的自律。而这一点，也是大多数家风好的父母的共同表现。

总之，好的家风是一个家庭最强大的无形力量。凡有好家风，皆有好父母；凡有好父母，皆有好儿女。对于孩子而言，父母永远是他们成长道路上的指明灯和风向标，有什么样的父母，就很可能会有什么样的孩子。

好家风，打破"富不过三代"的魔咒

"富不过三代"是我国的一句俗语，它和孟子所说的"君子之泽，五世而斩"是一个意思，它们都说明了同一个现象：一个家族的辉煌，经过几代人后就会不复存在。这真的是事实吗？

相关调查显示，我国的几百万民营企业家中有90%以上的人找不到合格的继承者，我国家族企业的平均寿命只有24年，只有30%

的家族企业能经营到第二代，能坚持到第三代的家族企业只剩下不到10％，进入第四代的仅有4％。大部分的家族企业似乎都逃不开"富不过三代"的魔咒。

但是，在世界历史上仍然有一些家族打破了"富不过三代"的魔咒，让家族的财富和家风一直延续了下来，美国的洛克菲勒家族就是其中的佼佼者。

从创始人约翰·戴·洛克菲勒算起，洛克菲勒家族已经历经六代，并且依然繁盛富裕。翻开美国历史，我们会发现洛克菲勒家族的身影无处不在。洛克菲勒家族涉足美国的工业、政治和银行业等重要领域，是美国历史上最显赫的家族之一。洛克菲勒家族的传奇影响了好几代美国人。

虽然，自第三代领军人物戴维·洛克菲勒之后，洛克菲勒家族就再也没有出现过重量级名人，但是文化、艺术、科学、医疗、法律、商业等行业的精英依然层出不穷。很多人都很好奇，为什么洛克菲勒家族能打破"富不过三代"的魔咒，绵延繁盛至今？我想这与洛克菲勒家族的优良家风是分不开的。

在此，我将带领大家一起来了解洛克菲勒家族的家风，看看他们是如何让家族繁盛延续至今的。

一、正确认识财富

约翰·戴·洛克菲勒是家中的长子，他16岁那年就担起了养家的重任，或许正是因为这样的经历，年少的约翰·戴·洛克菲勒就已经对财富和金钱有了自己的理解。

他认为，金钱是十分重要的，因为它不仅能够让家人摆脱贫困，过上富足而有尊严的生活，而且它能让生命变得更加精彩。

在这种思想的影响下，约翰·戴·洛克菲勒从小就立下了积累财富、创造财富的志向，他认为自己应该在方法正当的前提下，尽最大的努力赚取金钱。

他不光自己这样做，也这样教育自己的孩子，他曾教导儿子小洛克菲勒："财富是神的赐予，我们只能去信任并接受它，而不能置之不理。"在给小洛克菲勒的信中，他还这样写道："我应该是富翁，我没有权利当穷人。"

除了鼓励儿子追求财富以外，洛克菲勒还告诫儿子赚钱的方式必须合理合法。洛克菲勒认为，只有能够抵挡金钱诱惑的人，才能真正获得财富。

当小洛克菲勒有了自己的孩子后，他也将从父亲那里继承的财富观念和教育方法用到自己的孩子身上。小洛克菲勒虽然是大富翁，但是他在给孩子零花钱方面却十分"吝啬"，他给孩子的零用钱数额是按年龄划分的，七八岁时每周30美分，十一二岁时每周1美元，十二岁以上每周2美元，每周发放一次。

孩子们上大学以后，零用钱金额也和普通家庭的孩子差不多，如果需要额外开支，就要向父亲提出申请。小洛克菲勒还给每个孩子都发了一个小账本，并要求他们记下每笔钱的用途，每次发放零花钱时，小洛克菲勒都会审查孩子们的账本。

孩子们的零用钱不够用怎么办呢？小洛克菲勒也为他们提供了挣钱的途径，他让孩子们通过做家务赚钱，每项家务都有不同的报酬。这种方法也是小洛克菲勒从自己的父亲那里学到的，后来，这套财富教育的方法在洛克菲勒家族中一代代传承了下去。

在这样的家风中，洛克菲勒家的每个孩子都学会了正确看待财富，他们知道如何正确花钱，如何用正当的方法赚钱，他们从小就明白只有自律和奋斗才能让自己达到目标。

二、节俭是财富的基石

节俭也是洛克菲勒家族的重要传统，他们始终信奉一个真理：节俭是创造财富神话的重要基石。

洛克菲勒家族的节俭家风可以追溯到约翰·戴·洛克菲勒的母亲阿莱扎，她勤俭持家，在她的影响下，洛克菲勒也养成了节俭的好习惯。阿莱扎教给孩子们的节俭秘诀是"该花的一分不能少，不该花的每一分都要让它待在能产生效益的地方"，这也成了洛克菲勒最初的生财之道。

洛克菲勒在12岁那年攒下了24.7美元，这相当于一家五口半个月的生活开支。在母亲的指导下，洛克菲勒用这笔钱中的三分之一买了一些小鸡仔，他把小鸡喂大后再卖出去，最后净赚12美元。这次的经历，在洛克菲勒心中埋下了经商的种子。

洛克菲勒也将节俭融入了自己的家庭教育中。虽然家里很富裕，但洛克菲勒的孩子们都过着十分简朴而低调的生活，而且，他们还在远离纽约的村庄生活过很长一段时间。直到10岁，小洛克菲勒才知道自己的父亲是一位大富豪，因为8岁之前小洛克菲勒几乎从没买过新衣服，他经常穿姐姐们"淘汰"下来的旧衣服。

当小洛克菲勒长大，开始经营自己的公司时，他的父亲洛克菲勒也不忘告诫他节俭的重要性。有一次，父亲到小洛克菲勒的公司查账，发现了一笔巨额交际支出。他当即询问这笔钱的具体去向，并严肃地告诫儿子："浪费金钱、奢侈豪华的愚人之举极不可取。如果过于浪费，还会被人视为傻瓜，谁也不想跟这种人继续做买卖。"

在父母的言传身教和代代传承下，节俭成了洛克菲勒家族的重要家风，并被所有的家族成员铭记在心。

三、慈善家风代代传

热衷慈善也是洛克菲勒家族的传统，他们兴建了联合国大厦、北京协和医院，致力于解决全世界各地的环保问题、医疗问题、难民问题，创办了多个艺术博物馆，捐赠了许多珍贵的艺术品，在世界各地的慈善和公益活动中，我们都能看到洛克菲勒家族的身影。

洛克菲勒家族积累过巨额的财富，也经历过财富的幻灭，因此他们能够以平常心面对财富，并将财富投入到慈善事业中。

在洛克菲勒晚年，受美国反托拉斯（反垄断）运动的影响，他的公司被拆分了。从那一刻起，他就明白了巨额财富是无法被个人和家族永远占有的。因此，洛克菲勒家族在美国大萧条时代积极开展慈善事业，兴建了洛克菲勒中心以解决就业问题，积极推动国家经济的发展，并不惜赔上半数财产。

如果没有高度的社会责任感，以及对世界的深刻认识，洛克菲勒家族不会有这样的财富观，也不会有这样的家风，更不可能在风云变幻的两个世纪里一直延续下来。

伴随戴维·洛克菲勒的去世，洛克菲勒家族祖孙三代的传奇也落下了帷幕，但洛克菲勒中心依然装点着纽约的天际线，洛克菲勒家族的精神也依然在延续着。

一门好家风，胜过千万名校

有一次，我去一个朋友家里做客，正好看到他的儿子在练习书法，令我惊讶的是，朋友的儿子小小年纪竟然有很不错的书法水平。如果只看字，我怎么也想不到这是一个不到10岁的小朋友写的。

当天去做客的朋友纷纷夸奖朋友教子有方，让他分享自己的教育方法。朋友说孩子的外公爱好书法，所以孩子从小就跟着外公学写字，已经坚持练习了好几年。朋友的妻子跟父亲练过书法，经常陪着孩子一起练，在妻子和孩子的影响下，朋友也拿起了毛笔。

朋友说，练字能让人平心静气，自从跟着家人开始练字后，他的脾气好多了。最重要的是，一起练习书法让他的家里有了浓厚的学习气氛。现在，朋友全家经常一起练字，一起参观各种书法展，交流书法心得。孩子在这种氛围的熏陶下，也变得更加踏实好学了。

朋友的好家风令人羡慕，如果我们能像他一样，将优秀的技艺、高尚的品德修养和良好的生活习惯继承下来，并传递给子女，就不愁没有好家风。

正如我国伟大教育学家蔡元培所说："家庭者，人生最初之学校也。一生之品性，所谓百变不离其宗者，大抵胚胎于家庭中。"家庭是我们最初的学校，而优良的家风则胜过万千名校。

一、家风决定孩子的高度

家风，就是家庭的风向标。如果一个人从小就受良好家风的熏陶，那么在他的一生中他在处世原则和行为上都不会迷失方向，都会坚守自己的信念。所以，好的家风能够决定一个人的高度。假设没有岳家"精忠报国"的家训，怎会成就抗金名将岳飞？如果没有乔家"诚实守信"的家风，又哪能创造汇通天下的乔家票号？这就是家风对人一生行为准则的影响。如果家风教导胸怀天下，那么孩子心中就会种下这种家国情怀的种子，在他未来成长的路上，这粒种子会慢慢发芽，他会心中存大义，不会在小事上斤斤计较。

《梁启超家书》《曾国藩家书》《颜氏家训》与《傅雷家书》

并称我国"四大家教范本"。在这些家书中我们可以看到他们的大格局，也因此成就了他们家族的辉煌历史。

好的家训家风，会成为一个人一生的行为指南。不仅让他在人生的路上不迷失方向，还能让他走得更远更高。

每个家庭都有自己的家风，每个家长都会用自己的人生经验去教育自己的孩子，在孩子身上处处会留有家风的印记，家风就是文化和道德的言传身教，是智慧和处事方式的潜移默化。家庭对于孩子的影响是巨大的，一个家庭的生活方式、家风都是会传承的，它们会影响着这个家庭的所有后代。

二、家风培养孩子的良好习惯

家风会渗透到我们生活的方方面面，因此它能够培养孩子的习惯。

曾国藩曾留下家训："家俭则兴，人勤则健；能勤能俭，永不贫贱。"于是，勤俭就成了曾家的重要家风。

曾国藩自己以廉率属，以俭持家，并且"誓不以军中一钱寄家用"。他的后人们也以勤俭著称。曾国藩的女儿曾纪芬就很少置办新衣，经常穿姐姐们留下的衣服，只因曾国藩曾在家书中写道："衣服不宜多制，尤其不宜大镶大缘，过于绚烂。"

曾纪芬的外孙女张心漪曾在自己的回忆录中写道：

"外婆从不穿戴华服，房里也没有任何摆设。一张腰子形的书桌，上面放着眼镜、镇纸、笔砚等。有一个贝壳碟子，里面放几条茉莉花。一张藤椅，上面放个花布靠垫。她每日就在这里读经看报，练习书法……衣服也永远是蓝袄黑裙，缎帽缎鞋，饰物则有一根翡翠扁簪，一颗帽花，一副珠环，一只手表。几乎从无变化。"

两百多年过去了，曾氏家族的后代子孙依然活跃在各行各业，也出现了两百多位各界精英。可以说，曾氏家风是中国家风的典范。

而在曾氏家风的影响下，曾家后人也都养成了节俭的好习惯。好家风能给孩子树立正确价值观，培养他们的良好生活习惯。

三、家风熏陶孩子的价值观

著名作家钱锺书也是在家风的熏陶下成长起来的，好家风帮助他树立了正确的价值观。

钱锺书的父亲是著名的国学大师钱基博，也是清华大学的国文教授。他对儿子的管教十分严格，很看重儿子的成绩。钱锺书15岁时，还曾因为读书不用功而挨打。钱锺书读书时，不仅要完成学校的作业，还在父亲的要求下阅读古文名著。

钱锺书上大学期间，父亲曾写信告诫他"做一仁人君子，比做一名士尤切要"，父亲希望钱锺书能"淡泊明志，宁静致远"。后来，钱锺书也的确继承了父亲严谨的治学风格，以及淡泊名利的性情。

钱锺书一生致力于文学研究，在战乱期间和政治运动期间，钱锺书也没有停止写作和研究。钱锺书一刻也没有忘记父亲的教诲，他一直践行着父亲传递下来的家风。

钱锺书的女儿钱瑗和他一样，淡泊名利，从来不为金钱弯腰。

在担任北京师范大学英语系教授期间，钱瑗到其他学校开会、讲学，每次会议结束，钱瑗要么马上回学校，要么就在旅馆里看书。后来卧病在床后，钱瑗依然坚持阅读、勤于思考。

优良家风胜过万千名校，它可以提升孩子的品格高度，培养孩子的良好习惯，给孩子树立正确的价值观。

家风传承，影响着一个家族每一代人的成长

家风的作用是无比巨大的，它是我们每个人的人生基石，也决定了我们的价值观、人生观和世界观。优秀的家风是社会安定的保障，是中华传统文化的根基。家风的传承影响着每一个人，家风的好坏也决定了后代子孙的修养和素质。

一、好家风和坏家风都是代代相传的

那些绵延不衰的大家族都有一个共同之处，那就是拥有好家风。在一个家庭中行为习惯是会代代相传的，无论是好家风还是坏家风，都会在家族中不断传承下去。

国外犯罪学家曾经做过一个调查，他们发现很多罪犯的家族

中，都曾出现过各种不同程度的违法犯罪行为。这种现象看似是巧合，但是却反映出家风的代际相传。

孩子天生喜欢模仿，如果一个男孩生长在一个爷爷、爸爸、叔叔都抽烟的家庭中，那么这个孩子就会把抽烟看成是一件理所当然的事，当他到一定年龄之后，自然会开始抽烟。

我们普通人的家庭中可能不会有正规的家训，但是也有一些代代相传的东西。身为父母，我们能传承给孩子最好的东西就是优良的家风。

孩子是一个家庭的镜子，他身上集中了父母的优点和缺点。孩子品行不佳，未必全都是他一个人的错，他背后的家庭要负很大一部分责任，他的家庭没有合格的家风。

一个家庭的家风、家训不需要高大上，哪怕是一句简单的"本分做人"就值得好好传下去。

二、家长如何营造好家风

家庭是社会最小的单位，如果家风不正，那么整个社会的风气就会歪掉。因此，培养好家风对整个社会也有着十分重要的作用。

那么我们应该从哪些方面入手，来培养好家风呢？以下几点建议，希望能带给大家一些启示。

1. 从传统文化中寻求精神力量

很多成功人士都具备一些共同特征，比如自立、拼搏、刻苦、仁义、助人等，这些品质都可以从他们的家庭教育中找到根源。

家长应该静下心来，从《颜氏家训》《朱子家训》《三字经》《弟子规》等古代典籍中寻找一些教育和做人的智慧，以提升自己的素质，改变自己不良的生活习惯，为孩子做出表率。

2. 教孩子学做人，把"成才教育"变为"成人教育"

著名史学家唐翼明教授说："现在最大的一个误区是忽视了德育，忽视了道德品质的教育。教育的基本目的就是要把一个人变成一个真正的人。所以，不仅在知识方面要教育他，更重要的是在人格上、道德上给他一个良好的教育。"

的确，道德教育已经刻不容缓，很多父母都只在乎孩子的成绩，但不关心孩子能否懂得如何做人。如果一个孩子不懂如何做人，即使他的专业能力再强，也很难在事业上有所建树。

3. 家庭教育与学校教育要相互配合

家庭和学校是孩子最重要的两个受教育场所，只有二者相互配合，孩子才能健康成长。父母要关注孩子的学校生活，关注孩子在学校里的表现，千万不要放任不管。而且，父母不仅要关注孩子的学习成绩，还要关注孩子在学校的人际关系、身心健康和日常表现。

好家风不是一两天就能够养成的，它需要长期的耳濡目染、自我约束和自我提升。而且，我们只有提升自己的修养，才能影响孩子，进而形成优良的家风。

父母都要从自身做起，传承和发扬优秀的家风家训。修正自己的一言一行，才能影响孩子，让好家风一代代传承下去。

第 3 章

好家风的六把"标尺"

好家风有六把标尺：孝亲、齐家、积善、明礼、崇简、知耻。为了教育好孩子，父母应该按照这六把标尺去营造自己的家风，创造幸福的家庭，让孩子在优良的家风和幸福的家庭中成长。

孝亲：以感恩的心善待父母

孝，在中国传统文化中有着十分重要的地位。在古代，"孝"甚至被认为是一切道德的基础。

《论语》就把"孝""悌"作为"仁"的根本。这是因为基于亲人之间的血缘的"孝"比其他道德品质更具有本源性。孝在维护社会和谐稳定、提高个人道德素质方面有着非常特殊的意义。

一、善待父母，是最基本的教养

善待父母是"孝亲"的核心，也是一个人的基本素养。父母是生养我们、照顾我们长大的人。从牙牙学语到长大成人，我们都离不开父母的呵护和教育。所以，我们应该感恩父母、善待父母。

那么，我们应该怎样善待父母呢？有人说，善待父母就是给父母钱，让他们想吃什么就吃什么，想买什么就买什么。但是，我认为这是远远不够的。

善待父母，不仅要在物质层面关怀父母，为他们购买生活所需的物品，改善他们的生活条件，还要在精神层面关爱父母，多陪伴父母，多和父母沟通，告诉父母自己的近况。

善待父母是基本道德，如果一个人连父母都不能善待，那么这个人的品格是非常值得怀疑的。当然，父母与子女之间的感情是相互的，所谓"父慈子孝"说的就是这个道理。

"善待父母"不应该变成一句干巴巴的口号，而是要贯彻到日常生活中。父母们应该以身作则，让孩子懂得孝敬老人、善待父母的道理。

二、言传身教，让孝顺延续

教会孩子"孝亲"需要父母的言传身教，关于这一点，我的朋友小徐做得非常好。小徐平时性格大大咧咧，但是她对老人却非常细心。婆婆来她家小住时，她每天早上都会为婆婆准备各种各样丰富的早餐，并到菜市场买好菜，然后才会去上班。

下班回家后，小徐会主动帮婆婆分担家务，让婆婆有时间和孙子玩一玩。周末，她还会跟老公一起带着婆婆和儿子到城市周边旅游，品尝特色美食。

婆婆不舒服的时候，小徐会主动照顾，并带婆婆到医院看病，帮婆婆买药。婆婆住在小徐家的这段时间，过得非常开心，逢人便夸自己的儿媳妇好。

小徐的儿子也把妈妈的一举一动看在眼里，他从父母对奶奶的态度中明白了"孝亲"的含义，以及儿孙应该怎样孝敬老人。于是，儿子每天晚上都帮妈妈按摩，并对妈妈说"妈妈辛苦了"，这让小徐工作一天的疲惫一扫而光。

父母是孩子的榜样，如果父母对老人的态度不好，孩子就会记在心里，并用同样的恶劣态度对待自己的父母。如果父母对老人的态度好，那么孩子也会学着体贴和关心父母。培养孩子的孝心不能只停留在说教上，更应体现在行动中，只有父母以身作则，孩子才会把"孝"字真正放在心中，孝顺才能在家族中延续。那么，我们应该如何做呢？

营造"孝亲"好家风的方法

1. 营造孝顺父母的家庭氛围

家庭中应该有"孝亲"的氛围，父母不应该在孩子面前说对方父母的长短，而是要讲父母对自己的关心和爱护，自己为父母做的事。父母还应该提醒孩子，爷爷奶奶和外公外婆年纪大了，应该尊敬他们、照顾他们。同时，父母还要告诉孩子自己有一天也会老，也需要孩子的照顾。

无论孩子能否听懂这些道理，父母都要给他们讲，说得多了，孩子会在潜移默化中树立"孝亲"的观念。

2. 家庭中应事事以老人为先

在很多家庭中，孩子永远排在第一位，父母和老人都要让着他们。但是这种做法是十分不妥的，不利于培养孩子孝顺父母的品质。

当家中有老人时，我们应该以老人为先，比如，吃饭时我们应该先给老人盛饭，也可以让孩子来帮老人盛，让孩子从生活中的小事开始做到孝亲。

3. 定时探望老人

如果不和老人住在一起，就要注意按时探望老人，而且在探望老人时，最好带着孩子。老人一段时间看不见孙子孙女就会十分想念，满足他们的这个愿望也是一种孝顺。

如果因为特殊原因孩子长时间没跟老人见面，父母应该让孩子给老人打电话，让祖孙之间有交流和沟通的机会。

俗话说"看花容易绣花难"，善待父母这几个字看起来简单，但真正做起来我们会发现自己有很多不足。更关键的是，只有我们自己做到了善待父母，才能给孩子做好榜样。

齐家：以嘉言懿行与家人和睦共处

如果一个人不能与家人和睦相处，那么，即使他获得了再多成就，赢得了再多荣誉，他也是孤独的。因为他的荣耀和幸福无人分享，痛苦和迷茫也无人诉说。

如果家庭不和谐，家人之间的关系紧张，我们将错失很多幸福，我们的人生也将留下遗憾。所以，我们应该营造和谐家风，以嘉言懿行与家人和睦共处。

一、与家人和谐相处，营造幸福生活

钱锺书和杨绛的感情令人羡慕，他们的家庭也充满温馨和幸福。在短短几十年里，钱锺书、杨绛、钱瑗三人共同度过了相守相助、相聚而又相失的岁月。

杨绛是丈夫钱锺书的贤内助，她为了支持丈夫出国留学，中断了自己在清华的学业，陪着丈夫远渡重洋。留学期间，杨绛几乎包揽了所有的家务，她还在家务之余跑到钱锺书所在的学校旁听。钱锺书不擅长家务，杨绛怀孕生产期间，他经常因为不会做家务而闹笑话，杨绛也总是对他说"不要紧"。作为一个妻子和母亲，杨绛为家人付出了全部的心血和爱。

钱锺书虽然不会做家务，是一家人中最需要照顾的"孩子"，但他感情细腻，对待妻子和女儿宽和温柔。他把最大的宽容留给了家人。

女儿钱瑗从小乖巧懂事，她是父亲的开心果和最好的"哥们儿"，父女俩经常在一起玩游戏、讲笑话。自从有了女儿钱瑗，钱锺书的家里总是充满了欢声笑语。钱瑗长大后，经常照顾和陪伴父母，她一直都是父母的骄傲，她带给了父母莫大的快乐和幸福。

这些温暖的细节都记录在杨绛的散文集《我们仨》中，杨绛用简洁而沉重的笔调回忆了他们一家三口共同度过的时光。虽然他们一家人的生活并不是一帆风顺，但那些风雨同舟、患难与共的日子同样动人。

和谐亲密的家庭带给人的幸福感，是其他事物无法比拟的。与家人和谐相处，营造幸福家庭是人生中的重要课题，杨绛也认为自己一生最大的成就就是拥有了一个好家。

家是世界上最温暖的地方，那里有我们最爱的人和最爱我们的人。愿意与家人和谐相处，创造幸福家庭的人会过得更幸福。如果没有一个温暖的家，我们一定会感到落寞和孤独。

种瓜得瓜，种豆得豆，种下理解，就能收获宽容；种下体谅，就能收获和谐；种下挑剔，就会长出埋怨；种下指责，就会长出祸根。与亲人和谐相处，营造幸福家庭，要靠我们自己努力。

二、怎样与家人和谐相处

可是，在现实生活中和家人和睦相处并不容易，那么，我们应该如何做呢？

求同存异　　　　　　　　　　　　　勇于承认错误

与家人和谐相处

包容、信任　　　　　　　　　　　　及时化解矛盾

与家人和谐相处的要点

1. 求同存异

在非原则性问题上，我们应该抱着求同存异的态度来与家人沟通。只要最终目的达到了，就不要追究过程。比如，对于洗衣服这件事，有人喜欢用手洗，有人喜欢用洗衣机洗，只要最后衣服洗干净了，我们就不要过多去纠结洗衣服的方式了，这样只会徒增烦恼和不快。

对于重大的事，家庭成员可以从不同角度畅所欲言，以便找到更好的解决方案。比如，对于买房的问题，应该听取多方意见后再做决定。

2. 包容、信任

家庭成员相处时，需要包容和信任，只有互相信任、互相包容，才能相处得更融洽。

在与外人相处时，我们会把自己"伪装"起来，把自己的缺点和不好的一面都藏起来。但是在家人面前，我们更愿意卸下"伪装"，用自己最真实的面目去面对自己的亲人和爱人。

而真实的面目往往意味着更多的缺点和棱角，所以和家人相处更需要包容和信任。

3. 勇于承认错误

我们要明白，认错不等于低头，与家人相处时，要敢于承认错误，因为这样可以加强信任。

对于那些已经发生了的错误，我们要勇于承认，不要延伸到其他事和其他人身上，也不要给自己贴标签。犯了错误，只要勇于认错，积极改正，就能重新赢得家人的信任。

4. 及时化解矛盾

和家人之间有了矛盾应该及时化解。首先，我们要控制自己的情绪，不要被情绪支配，说出一些伤害对方的话。其次，我们要好好想一想与家人发生矛盾的原因，如果有误会就要及时澄清。最后，如果是我们做错了，就应该及时向对方道歉，千万不要因为面子而不肯道歉，这样只会让矛盾升级。

与家人相处的学问有很多，但真诚和爱才是最重要的诀窍。

积善：积善成德，善待身边的人

《周易》中说："积善之家，必有余庆。积不善之家，必有余殃。"这句话的意是：常做善事的人家一定会有很多值得庆贺的事，经常作恶的人家会有许多灾祸发生。

从这句话中，我们可以看到积善的家风是多么重要。想要让家风清正，家庭兴旺繁荣，我们就要把"善"作为家风。

一、积善之家，必有余庆

在100多年前，有一个英国农民正在田野里劳动，他突然听见了呼救声，原来是一名少年不幸落水了。善良的农民不假思索地跳入水中，把少年救了起来。这时，大家才得知这个获救的少年是一名贵族之子。

过了几天，那个少年的父亲亲自带着厚礼登门致谢。但农民认为救人只是为了对得起自己的良心，并不是贪图对方的谢礼，更不是因为对方的贵族身份。

贵族少年的父亲很佩服农民的高尚品格，于是决定资助农民的儿子到伦敦接受高等教育。考虑再三后，农民接受了这份馈赠，因为让儿子接受高等教育是他的梦想。

农民的儿子得到了改变命运的机会，多年后他从伦敦圣玛丽医学院毕业，并在1945年获得诺贝尔生理学或医学奖，后来他还被英国皇室授予爵位。这个农民的儿子叫亚历山大·弗莱明，他是青霉素的发明者。

虽然这个故事中有些戏剧性的巧合，但是它至少告诉我们，爱做善事的人运气不会太差。当然，我们做善事并不是为了得到回报，但我们至少可以感受帮助别人的快乐。如果一个家庭有"积善"的家风，那么这个家庭氛围一定是和谐而快乐的，这个家庭中的孩子也一定是善良、有德行的人。

二、善的两个维度：行善与心善

积善不是一时兴起去做好事，而是要培养一种行善的习惯和高尚的道德观。只有做到"知行合一"，才能避免行善流于表面，变成沽名钓誉的伎俩。

在我看来，真正的善有两个维度，一是行善，二是心善。

行善，就是在行动上做善事，比如参加公益活动、做义工，参加慈善捐款，用行动去帮助那些需要帮助的人。不过行善只

善的两个维度

是善的外在表现，很多人都只停留在这个层面上，并没有真正理解

为什么要做善事。

比如，我们经常在新闻上看到有人买了鱼虾、乌龟或蛇到野外放生。虽然放生是善举，但随意放生不仅不能保证被放生的动物存活，还会对生态环境造成破坏。这种放生的行为不是真正的积善，而是一种流于表面的浅薄行为。

心善，是指内心深处的善良，心善的人知道什么是真正的善。心善的人行善举时不会只考虑眼前，而会考虑长远的影响，以及行善的真正意义所在。

比如，有两个人在野外看见狼在追捕一只兔子，第一个人怜悯兔子，于是把狼赶跑了，而第二个人却没有采取任何措施。第二个人难道不善良吗？当然不是！相反地，这个人知道弱肉强食是大自然的规律，救了兔子，狼会挨饿，而且我们不应该对大自然进行人为干涉。

要成为真正的积善之家，就必须同时做到行善和心善，并用自己的品德去影响周围的人。孩子如果成长在一个积善之家，他们就会不自觉地模仿和学习，让积善的家风继续传承下去。

明礼：深到骨子里的教养，才是真正的教养

中国是礼仪之邦，过去"礼"是一种社会政治制度，现在"礼"是人与人交往的仪式。"礼"的形式有千万种，但它的核心主旨只有一个，那就是对他人的尊重。是否守礼、知礼能够体现一个人的教养。

如果我们想成为一个真正有教养的人，就要明礼、学礼、知礼、守礼，把礼仪与尊重刻进骨子里，让教养体现在一言一行之中。

可是我在生活中却看到很多家长根本不在意孩子的教养问题，因为他们连公共场合的基本礼仪也不遵守。

我很喜欢逛商场，但我却很不喜欢在商场碰到的某些人。在商场餐厅用过餐的人都知道，餐厅里有一个很明确的标语：用餐后请把餐盘放到餐盘架上。可是很多人却对这条标语视若无睹。

有一次，我在餐厅碰到两家人，这两家人里有两个小男孩，他们端着果汁满地乱跑，把果汁洒得到处都是，但他们的父母却好像没看见一样。

当他们好不容易吃完了饭，正准备走时，服务员提醒他们："餐后请自行放好餐盘。"几个大人听到服务员的话后，马上一脸

蛮横地嚷嚷了起来："我花钱吃饭，还要帮你做卫生？"

最后，还是服务员收拾的餐盘。我看着那两家人留下的满桌狼藉的餐盘和地上的果汁时，深深地为他们感到羞愧。因为他们的行为已经将自己的教养暴露无遗。

在这种家庭长大的孩子，很可能会缺乏教养，因为他们的父母没有告诉他们在餐厅疯跑和打闹是没有教养的表现，他们意识不到自己的行为是不妥当的、没教养的。更有甚者，孩子会养成自私蛮横、爱占小便宜的性格。

很多父母一心想着要给孩子提供最好的物质条件，让孩子上最好的学校，穿名牌衣服，上昂贵的特长班，可是却忽略了孩子的教养。

所谓教养，就是尊重和礼貌，这也是家风教育中重要的一课。

一、教养的形成取决于家风

有一次，我和朋友们去自助餐厅吃饭，大家都在拼命地拿食物，恨不得自己有两个胃，但有一个人引起了我的注意。他只是简单拿了几样食物，并把食物精心地摆放整齐。我想这个人一定很有生活情调，而且很有教养。

一个人的行为可以反映他的教养，而教养则取决于家风。我有一个朋友在一家培训中心工作，他在中心遇到一个学生，这位学生每次见面都会主动问好，每次下课了都会对老师说"谢谢"。而且，他离开的时候一定会把椅子放回原处，类似的事情还有很多。

总之，这个学生的种种行为都体现了他的良好教养。

朋友一直以为这个学生来自一个富裕的家庭，到后来才发现，这个学生的家庭很普通，但是他的父母都特别有教养，说话慢条斯理，完全看不出来是经营杂货店的商贩。

当然，我并不认为教养和家境有直接的关系，只是在传统观念里，大家都认为富裕家庭的孩子可以接触到比较好的教育资源，各项素质都有可能比普通家庭的孩子高。但事实并不是如此，普通家庭也可以因为优良的家风而培养出有教养、高素质的孩子。

所以，教养与家境无关，但与家风有关。

二、有教养的人有哪些特征

说了这么多，有教养的人具备哪些特征呢？我认为有以下几点。

1. 守时

有教养的人必然是守时的，无论是开会还是赴约，他们从不会迟到。因为在他们看来，自己的迟到是对那些准时到场的人的不尊重。有教养的人不仅自己守时，也会要求自己的孩子守时。

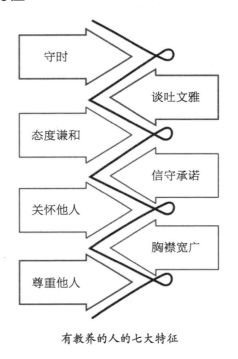

守时

谈吐文雅

态度谦和

信守承诺

关怀他人

胸襟宽广

尊重他人

有教养的人的七大特征

2. 谈吐文雅

如果一个人口吐脏话、动不动就辱骂别人，喜欢高声喧哗或者喜欢说一些很粗鄙的话，那么这个人一定不是有教养的人。有教养的最基本条件就是谈吐文雅，这是对他人的基本尊重。

3. 态度谦和

有教养的人在与人交往时态度都十分谦和，哪怕对方的地位不如他们，他们也不会看低对方。尊重每一个人，才是真正有教养的人做的事。

而且，有教养的人在与他人交往的时候，从来不会表现出优越感和一丝一毫的自傲，无论他们的履历有多辉煌，成就有多耀眼。

4. 信守承诺

讲诚信是一个人骨子里的教养，哪怕是遇到困难，有教养的人也不会轻易食言，他们会想方设法地完成自己的承诺。他们认为，答应别人的事情，就一定要做到。

5. 关怀他人

有教养的人对他人是充满关怀的，尤其是对弱者。这是因为他们骨子里是善良和悲悯的。因此，有教养的人会主动礼让女士、孩子和老人，遇到弱者，他们总会伸出援助之手，或者给对方行个方便。

6. 胸襟宽广

有教养的人往往胸襟开阔，不会为了一点儿小事就与人反目成仇。相反，他们能宽容别人的失误，给别人改正的机会。

7. 尊重他人

教养的核心是尊重，所以有教养的人一定懂得尊重他人。这种尊重体现在他们的一言一行中，这也是为什么当我们与有教养的人交往时会感到如沐春风。

真正的教养是从骨子里透出来的，而教养是由家风决定的，只有家风熏陶出来的教养，才会深深地刻进孩子的骨子里。

崇简：爱惜资源，尊重他人的劳动成果

我的父母从小就教育我要勤俭节约，如今，"人走灯熄，随手关灯"的习惯还深入我的生活，每当我要离家出门时，我都会检查一下电灯和空调是否关上。在家里，我总是习惯用自己的水杯喝水，以免浪费一次性水杯。我会把每天剩下的茶水留下来浇花，既不浪费资源，又能让花得到养分。

崇尚简朴、厉行节约并不是吝啬的表现，而是反对奢侈、铺张浪费。

现在很多孩子都有攀比和铺张浪费的毛病，如果任其发展，情况会变得非常可怕。然而，比这更可怕的，是家长们的态度。我们注意到，不少父母自己省吃俭用，但对孩子的消费需求却有求必应。久而久之，孩子就养成了奢侈浪费的习惯，甚至出现漠视他人劳动成果、不尊重劳动者的现象。

我认为，家长不应该对孩子的浪费视若无睹，而是要让孩子学会尊重他人的劳动成果。

一、让孩子学会尊重他人的劳动成果

小区里的清洁阿姨，每天早晚都会把楼梯间和电梯打扫得干干净净，可是阿姨们的劳动成果却得不到珍惜。

有一天早晨，我刚进地下车库就被吓了一大跳，因为我看到地下车库的电梯门口堆满了垃圾，而且，这些垃圾并没有包装好，而是散落得到处都是，还散发着难闻的异味。我想，清洁阿姨看到这幅场景后一定非常无奈吧。

不只地下车库如此，小区的儿童游乐区也经常一片狼藉。很多孩子吃了水果和零食以后都会随手将果皮和包装袋丢在沙坑里，阿姨打扫起来难度非常大。

以上列举的种种现象都是对他人劳动成果的不尊重。保洁阿姨打扫得干干净净的小区，有的人却能够心安理得地扔垃圾。这虽然不是大事，但却可以反映出一个人的修养和素质，一个家庭的家风和一个孩子的教养和品德。

孩子乱扔垃圾，往小了说是不爱护环境，往大了说就是不尊重他人劳动，浪费公共资源。家长应该对孩子进行教育，在生活中渗透节约、珍惜劳动成果的意识。

二、在生活中渗透节俭意识

父母们可以用以下几种方法，在日常生活中向孩子渗透节约意识。

1. 理性对待孩子的物质需求

每个人都有物质需求，并且这些需求会随着年龄的增长而发生变化。父母要理性看待孩子的物质需求，凡是适当的、合理的、符合家庭经济条件的物质需求都可以予以适当的满足。

但是，父母不要让孩子的生活水平超过同龄、同阶层的孩子太多，以免孩子养成虚荣、爱攀比的习惯。

2. 从身边的小事做起，养成节约的习惯

节俭的美德要从身边的小事养成，家长培养孩子节俭的习惯也要从生活中的小事做起。比如，提醒孩子洗完手要随手关好水龙头，睡前要关灯，人走灯熄，不要有剩饭等。

家长带孩子购物时，也不要随便答应孩子的不合理要求，应该给孩子讲道理，劝说孩子做出更合理的购物决策。

3. 让孩子正确认识金钱

有的孩子浪费是因为他们对金钱没有概念，不知道钱的价值和购买力。所以，家长要让孩子正确认识金钱，告诉孩子钱的价值和购买力，以及爸爸妈妈挣钱的辛苦等。

只有认识了金钱，才能体会到金钱来之不易。

父母还可以培养孩子的储蓄意识，让孩子把平时领到的红包、

压岁钱存起来，并给孩子定一个储蓄目标。比如，以后可以用这些钱买自己喜欢的学习用品。

父母们要意识到，节俭不等于守财，该花的钱还是要花，要让孩子学会合理地花钱；节俭也不等于吝啬，节俭和大方并不冲突，孩子要节约资源、节约金钱，以减少浪费，但是也要懂得在必要的时候慷慨解囊，比如参与慈善和公益事业。

总而言之，节俭是孩子的生存必修课，也是一个家庭必备的优良家风。

知耻：有涵养良知，能明辨是非

羞耻和道德是紧密相连的，羞耻感是道德的底线。如果一个人失去了羞耻感，那么他在做任何坏事的时候都不会感到良心不安，良知对他来说也不复存在了。

孔子说"知耻近乎勇"，只有当一个人有了羞耻心，他在心中才会产生良知，进而愿意不断反省自己、完善自己，使自己的道德更加完善。

具体来说，知耻的意思是，一个人因为自己没能达到更高的道德水平而感到羞耻。所以，一个知耻的人是有底线、有原则、有道德理想的人。

一、每个"熊孩子"背后都有一个"熊家长"

我曾经看过这样一条新闻：因为外墙施工人员的电钻声音太大，正在8楼家里看电视的小男孩一气之下剪断了绑在施工人员身上的安全绳，导致施工人员吊在半空无法动弹，经消防紧急救援，才把施工人员安全救下。

面对警察的调查，孩子说："当时我在看动画片，外面电钻的声音实在是太吵了，我就用剪刀把绳子剪断了。"更让人气愤的是，事后在谈到赔偿时，孩子妈妈只赔偿了一条安全绳。

看完这则新闻后，我为这个孩子的未来感到担心。每个"熊孩子"背后必然有个"熊父母"。他们的"熊"行为，都是父母放任的后果。

同样的事情层出不穷。我在微博上就曾看到有位母亲发帖，称在餐厅吃饭时，因为儿子稍微调皮了一点，就被邻桌的人扇了一耳光，这令她非常气愤。

原来，事情的真相是：这位母亲带孩子去餐厅吃饭，她儿子喜欢到处跑跑看看，还有几次骚扰到了邻桌的用餐，后来，孩子竟然伸手去抓邻桌桌上的菜，被对方把手甩开后，孩子动手打了这桌的人，结果被打回来了。

这个母亲愤怒的点就是孩子还小，犯点错误很正常，对方一个成年人怎么能和小孩一般见识呢。但我想反问这位母亲：孩子还小没错，但是父母也还小吗？在公共场合，父母不能约束一下自己的孩子吗？

别让年龄小成为孩子胡闹的理由。孩子总有长大的一天，今天我们以"年纪小"为借口原谅他，明天他就会做出更荒唐的事情。当他走上社会，再做出一些"熊"行为的时候，就没有人会包容他了。

成人的世界没有儿戏，社会上没有温室。请父母们记住：你可以原谅你的孩子，但外面的世界不会轻易原谅他。因此，加强德育教育，让孩子明辨是非，是父母们必做的一项工作。

二、加强道德教育，让孩子明辨是非

如果一个人没有是非观念，那么他肯定不会知耻，也不会追求更高的道德水平，甚至会漠视法律，走上犯罪的道路。

因此，明辨善恶是非对孩子来说是非常重要的，父母必须加强教育和培养。人的是非观不是天生的，而是从小开始培养的。

下面为大家介绍几种培养孩子是非观的方法。

1. 父母以身作则

父母是孩子的第一任老师，孩子会以父母的态度和言行作为判断是非对错的标准。可以说，父母的道德观会对孩子产生很大的影响。如果孩子的是非观不正确、不健全，父母一定要及时干预。

最重要的是，父母要以身作则，为孩子树立好榜样。

2. 为孩子树立正确的道德评判标准

孩子就像一张白纸，父母是想在这张纸上留下一幅美丽的图画，还是一幅丑陋的涂鸦呢？我想父母们的选择一定是前者。所以，父母一定要从小给孩子灌输正确的思想观念和道德标准，从小教育孩子，让孩子成为有理想、有道德、有文化的小公民。

父母绝对不能因为怕孩子吃亏而教孩子走捷径、钻空子，一旦孩子习惯了走捷径，后期就很难再改过来了。

3. 加强对孩子的正面引导

孩子的认知水平有限，父母一定要耐心地进行正面引导，不要因为急躁而经常打骂孩子。父母应该仔细地为孩子分析一件事的是与非，并引导孩子自己判断。

通过分析生活中的案例事件，孩子会对是非对错有更加直观的认识。所以，家长要经常和孩子讨论相关问题，听听孩子的看法，然后再把正确的是非观告诉孩子。

4. 提高孩子的认知水平和辨别是非的能力

要想提升孩子辨别是非的能力，父母要先提高孩子的认知能力，丰富他们的德育知识，让他们了解一些道德高尚的人和事。

比如父母可以告诉孩子哪些行为是对别人有益的，哪些行为是对别人有危害的；什么样的举动会得到社会大众的支持，什么样的举动会遭到社会大众的反对；哪些行为是善意的，哪些行为是恶意的。

父母还可以通过寓言或童话故事来教孩子辨别谎言和欺骗，帮孩子分析，教他们判断是非善恶。父母还要引导孩子在现实生活中进行实践，加深他们对道德和是非的理解。

5. 适当惩罚孩子

当孩子不听劝阻，一意孤行时，我们首先要和孩子讲讲道理。如果道理讲不通，就应该给予警告。当警告也不起作用时，我们就应该采取适当的惩罚措施了。比如取消零食，取消玩玩具时间，取消看电视时间等。

学会明辨是非对孩子来说非常重要，这关系到孩子以后的为人处世、人际交往，为了让孩子以后少走弯路，家长应该教会孩子明辨是非，做一个有道德底线的人。

PART ❷

传承有妙方，
家风教育五
部曲

第4章

学家风：
千古名门家训里的教育真谛

在中国历史上，有许多绵延数百年不衰而且英才辈出的家族。这些家族无不有着清正、严谨的家风家训。直到今天，这些家族的家风家训仍然能带给我们重要的启示。让我们从榜样曾家、百年梁家、合肥张家、吴越钱家、望族陈家、洛河康家的故事中，感受传统家风的魅力吧。

榜样曾家：八代无一败家子

在风云变幻的晚清时代，有一位叱咤风云、力挽狂澜的人物——曾国藩。他出身于一个普通的农民家庭，但却凭借自身的能力成了彪炳史册的"晚清中兴第一名臣"。梁启超曾这样评价他："曾文正者，岂惟近代，盖有史以来不一二睹之大人也已；岂惟我国，抑全世界不一二睹之大人也已。"

曾国藩不仅在政治、军事、经济等领域有突出成就，他的个人修养和家风家教都为世人所称道。他的1500多封家书被汇编成《曾文正公家书》，成为家教、家风的典范。

从曾国藩开始，曾氏家族至今已经绵延近两百年，历经八代，而在这么多代子孙中不但没有出现一个败家子，而且大多数曾家后人都接受过高等教育，并活跃在社会各界。在曾家后代中，取得瞩目成就、拥有名望的人也不在少数。

比如，曾国藩长子曾纪泽继承了父亲的衣钵走上政坛，是我国近代著名的外交家，他曾在外交谈判桌上一次次地维护了国家利益。曾国藩的次子曾纪鸿则醉心学问，他曾将圆周率推算到小数点后一百位。曾国藩的直系后代中，出现了外交家曾广铨、著名诗人曾广钧、著名教育家曾宝荪等知名人士。

曾氏家族家风优良，整个家族人才辈出，曾国藩的非直系后代中也有不少有名望的人。比如，著名化学家曾昭抡、著名考古学家曾昭燏、著名革命家曾宪植、著名画家曾厚熙等。有人曾统计过，在科举制度废除之前，曾氏家族在70年间共出现了秀才、举人、进士、翰林共二十余人。实行新式教育制度后，曾家子孙大部分都考上了国内大学或留学海外。

《战国策》有云"君子之泽，五世而斩"，意思是一个人成就的事业和品行经过几代人就不复存在了，可曾氏家族却打破了这个"规律"，做到了历经八代不衰，这与曾家的家风、家训是分不开的。严谨的家风成就了曾氏家族的大家风范，而曾氏家风的形成还要从曾国藩的家书说起。

曾国藩一生写过1500多封家书，字里行间记录的是他深刻的人生体悟，以及对儿女和家人的谆谆教诲和殷殷叮嘱。我们可以从曾国藩的家书中提炼出最核心的三大家风：读书明理、勤俭持家、孝顺友爱。这三大家风对当代的家庭来说也是十分适用的。我相信，父母只要能把这三大家风践行和传承下去，就一定能教育出优秀的孩子。

一、读书明礼，进德修业

在曾氏家风中，读书是最首要的一条，曾国藩曾在他的家书中写道：

吾辈读书只有两事：一者进德之事，讲求乎诚正修齐之道，以图无忝所生；一者修业之事，操习乎记诵词章之术，以图自卫其身。

……

吾不望代代得富贵，但愿代代有秀才。秀才者，读书之种子也。人之气质，由于天生，本难改变，惟读书可以变其气质，古之精于相法者，并言读书可以变换骨相。

曾国藩告诫子女要把读书当成头等大事，他认为读书有两大作用。一是"进德"，即提升自身的道德修养，二是"修业"，就是建立自己的事业。此外，他还认为读书可以改变一个人的气质，让人脱胎换骨。

曾国藩不仅把读书作为家风，还亲自教导子女们读书的方法。曾国藩要求孩子读四书五经、《昭明文选》等经典，而且还要大声诵读出来。曾国藩认为经典中蕴含的思想和智慧是经过了时间检验的，最值得后人反复学习。

曾国藩在给长子的信中写道："一书不尽，不读新书……凡读书，不必苦求强记。只须从容涵泳，今日看几篇，明日看几篇，久久自然有益。"在他的眼中，读书并不是完成任务，不应该死记硬背，只有沉下心来认真读完一本书，才能真正有所收获。曾国藩还要求子女在读书时要"略作札记，以志所得，以著所疑"，就是要把读书时的体会和疑惑都随手记下来，以帮助后续的思考和学习。

长子曾纪泽不喜欢科举和八股文，喜欢西方的语言学和社会学，于是曾国藩便鼓励他读自己感兴趣的书。除了精神上的鼓励，曾国藩还在行动上支持儿子的兴趣，虽然他对西学并不太了解，但他为了儿子专门去阅读了很多相关书籍。后来，曾纪泽写了《西学述略序说》和《〈几何原本〉序》，曾国藩亲自批阅后帮助儿子刻版发行了这两本书。

次子曾纪鸿，也在曾国藩的鼓励下培养出了数学研究的兴趣，曾纪鸿的妻子郭筠也喜欢读书，曾国藩得知后不仅没有反对儿媳读书，反而十分支持，并引导郭筠通读了《十三经注疏》和《资治通鉴》，让自己的儿媳也成为当时有名的才女，这在重男轻女的封建时代是难能可贵的。

只有读书，才能成为明礼君子，才能进德修业，从曾国藩这里流传下来的读书家风一直在曾氏家族中传承，在这世代书香的熏陶下，曾氏子孙养成了勤勉上进的习惯，没有出过一个败家子。

二、能勤能俭，永不贫贱

勤与俭，也是曾氏家族的重要家风，在曾国藩看来，勤俭是家族延续下去的关键，他在家书中写道：

家俭则兴，人勤则健，能勤能俭，永不贫贱！

这十六个字是他对孩子们的要求，他认为世家子弟若要成器，就必须戒除奢侈的习气，在生活上要崇尚简朴。因此，曾国藩对孩子们的物质生活管束十分严格，每个月给孩子的零用钱也十分有限。他规定家中的日常用品"但求结实，不求华贵"，文房四宝"但求为寒士所能备者，不求珍异也"。

在日常的衣食住行方面，他主张"夜晚不用荤菜，以肉汤炖蔬菜一二种""后辈则夜饭不荤，专食蔬菜而不用肉汤""衣服不可多制，尤不宜大镶大缘，过于绚烂"。婚丧嫁娶之事也要"一切皆从俭约"。

曾国藩的小女儿曾纪芬在一本年谱中记载了这样一件事：十几岁时，曾纪芬跟随母亲来到两江总督府（曾国藩时任两江总督），为了让初入总督府的自己显得光鲜体面一些，曾纪芬穿了一件蓝色小夹袄和一条缀青边的黄绸裤。父亲曾国藩看到她的装扮后，认为裤子上的青色花边太过繁复和华贵了，认为她不应该穿这样的裤子。于是，曾纪芬立刻回房换了一条没有花边的裤子。

曾国藩希望儿女能够像普通的贫寒子弟一样生活，不要被奢侈的生活腐蚀而养成懒惰的习惯。为了让子女们养成勤劳的品格，曾国藩要求子女们每天黎明就起床，家里的男孩子每天除了读书以外，还要参与打扫卫生、喂鱼、养猪、种菜等体力劳动，女孩子每天则要做针线活，还要下厨做一些小菜。

曾国藩治家严谨，他把"勤""俭"的家风落实到了日常生活中，让孩子们在无形中养成了良好的生活习惯和作风。

三、孝友之家，绵延十代

曾国藩曾在家书中提到：

吾细思天下官宦之家，多只一代享用便尽，其子孙始而骄佚，继而流荡，终而沟壑，能庆延一二代者鲜矣。商贾之家，勤俭者能延三四代；耕读之家，能延五六代；孝友之家，则可以绵延十代八代。

孝友之家，方可绵延不衰，曾氏家族的兴旺与"孝友"二字息息相关。那么，什么是"孝友"呢？孝，对父母长辈孝顺恭敬；友，就是对平辈友爱亲和，这两个字是家人之间的相处之道，也是维护家庭和谐幸福的秘诀。曾国藩注重家庭的温情，他要求家人之间不可说"利害话"，也就是不能对家人说伤感情的话，要与家人和睦相处，用宽恕包容的心态来面对家人。

曾国藩不仅用"孝友"来要求子女，他自己也是这样做的。曾国藩的九弟因为和家人闹别扭，每次吃饭都把饭菜端到自己的房间里，不愿意与家人同桌吃饭。曾国藩得知后，并没有责怪九弟，而是把自己的饭菜也端过去与他同吃。对于兄长的宽容，曾国藩的九弟感到十分不好意思，便主动向兄长和家人们道歉。

曾国藩要求家人做到的事，他自己同样能做到，这种严于律己、言传身教的作风让他的家人和后代子孙深受影响，曾氏家风也因此而传承了下来。从曾国藩的教育理念和曾氏家风中，我们可以探寻到一个家族长盛不衰的秘诀，也可以获得一些关于家庭教育的启迪。

百年梁家：一家三院士，满门皆才俊

天下的父母都盼望自己的子女成才，"满门皆才俊"是每个父母长辈的期望，但是真正做到的家族却是凤毛麟角，梁氏家族就是其中之一。说起梁氏家族，就不得不提到一个人，这个人就是著名的革命家、思想家、史学家、教育家梁启超，他和他的儿女们共同谱写了"一家三院士，满门皆才俊"的传奇。

梁启超出生于19世纪末，成长于中国近代历史上动荡的年代，在那个新旧交替、西学东渐的时代，他成了革命的先行者。梁启超一生为"救国救民"而努力，他曾参与并领导了晚清戊戌变法，在中国历史上留下了浓墨重彩的一笔。"中国之变，中国之强"一直是梁启超心中夙愿，但遗憾的是，在他有生之年这个愿望并没有实现。

成长于封建旧中国的梁启超深知国家的强大离不开人才，而且革命事业也必须后继有人，因此他积极投身于社会教育事业，把为国家培养人才当成自己的使命和职责。

梁启超是一位成功的教育家，更是一位成功的父亲，他的9个儿女几乎都在各自的领域有所建树，都是当之无愧的栋梁才俊。

梁启超有5个儿子、4个女儿，长子梁思成是著名的建筑学家，次子梁思永是著名的考古学家，两兄弟于1948年一同当选为中央研究院首届院士；第三个儿子梁思忠因病早逝；第四个儿子梁思达长期从事经济学方面的研究；最小的儿子梁思礼是著名的火箭控制系统专家，于1993年当选为中国科学院院士。

梁启超的儿子们个个有出息，女儿们也毫不逊色，长女梁思顺是著名的诗词学家；次女梁思庄是图书馆学家；第三个女儿梁思懿是社会活动家；小女儿梁思宁则积极投身中国革命。

梁氏家族英才辈出，离不开梁启超呕心沥血的教育和培养，更离不开梁氏家族独特的家风。

一、新旧兼容、中西融汇的梁氏家风

若要探讨梁氏家族的家风和家训，我们就要从梁启超本人说起。在梁启超的早期教育中，祖父、父亲和母亲三人起到了至关重要的作用，是他们培养和教育了梁启超，并奠定了梁氏家风的基石。

为梁氏家风奠定第一块基石的是梁启超的祖父梁维清，祖父一边种地，一边读书，并考取了秀才，让梁家成为受人尊敬的"耕读之家"。梁启超四五岁时，便由祖父启蒙，通读《论语》《大学》

《中庸》《孟子》和《诗经》，为日后的学习奠定了坚实的基础。

梁启超的母亲是一位慈母，更是一位严母，她对儿子的品德教育十分重视。梁启超6岁时，因为某个原因说了谎话，一向慈祥温柔的母亲板起面孔，让他跪在地上，用力鞭打了他十几下，同时警告他说谎成性的人将来只能做乞丐和盗贼。母亲的举动让梁启超记忆深刻，直到长大成人后，他依然记得这件小事，并时刻注意自己的一言一行。

梁启超的父亲梁宝瑛一生没有考取过任何功名，但是他却在家乡的私塾中教书育人，深得乡民的尊敬和爱戴。梁启超和他的兄弟们都曾在父亲教书的私塾中上过学，父亲不仅教导梁启超学业，还教他许多立身处世的道理。在梁启超眼中，父亲是一个不苟言笑的人，他对儿子的教育总是十分严格，不仅要求梁启超刻苦读书，还要求他参与田间劳动，如果儿子的举止违反了礼仪和家风家训，父亲一定会严厉地训诫。

梁启超的父亲常对他说："汝自视乃如常儿乎？"这句话的意思是：你只把自己看作一个平常的孩子吗？梁启超始终记得这句话，一生不敢忘记父亲对自己的期望。

在父亲、母亲和祖父的教育中，梁启超传承并发扬了梁氏家风。在教育子女的过程中，梁启超做到了兼容并蓄，他的教育理念中不仅有祖父和父亲教给他的"义理"和"名节"，也有科学、民主、平等、自由、尊重个性、公民责任等新思想。因此，梁启超教育出的子女不仅有才干，而且具有现代知识分子的品格和素养。

梁启超将新旧思想、中西文化融合，做到了新旧兼容、中西合璧，让梁氏家风紧跟时代步伐，焕发出了新的光彩。

梁启超的教育理念让我们看到了传统伦理与现代教育思想碰撞出的绚丽火花，也让我们看到了传统家风、家训随着时代发展不断更新、演进的过程。优良家风不仅要继承，更要发展，父母在教育孩子过程中也应该不断地学习和吸收新知识、新观念，让自己的家风、家训符合时代特征，利于孩子身心健康。

二、成功父亲梁启超的"育儿经"

梁启超是一位非常成功的父亲，他的很多教育理念和教育方法放到今天依然很有借鉴意义，下面总结了梁启超的几条"育儿经"，希望能给各位父母带来一些启发和思考。

发现孩子的优势

为孩子提供条件，
不代替孩子做选择

多鼓励，少批评

善于对孩子说爱，
与孩子平等相处

看淡得失，
顺其自然

梁启超的五大"育儿经"

1. 善于对孩子说爱，与孩子平等相处

和一般的严肃父亲形象不同，梁启超敢于向孩子表达自己的爱，他曾在信中对孩子们直白地表示：

你们须知你爹爹是最富于情感的人，对于你们的爱，十二分热烈……

梁启超的九个儿女各有个性，梁启超对每个孩子一视同仁，让他们都感觉到自己在父亲心中是最特殊的那一个。梁启超给自己大女儿梁思顺的爱称是"大宝贝"和"我最爱的孩子"，给三女儿梁思懿取了外号"司马懿"，称小儿子梁思礼为"老白鼻（老baby的谐音）"，从这些亲昵的爱称中，我们就能看出梁启超对孩子的爱。

直到今天，很多父母都羞于对孩子表达爱，但一百多年前的梁启超却做到了。在社会上他是一位严肃的学者，在家里他却是一个"孩子迷"。梁启超从不会在孩子们面前摆架子，他更愿意与孩子们平等相处。

父母对孩子的爱和尊重能带给孩子自信和自尊，这份自尊和自信能让孩子更好地与自己相处，与世界相处。

2. 为孩子提供条件，不代替孩子做选择

当孩子们遇到困难或面临选择时，梁启超会给孩子提供建议，但绝不会代替孩子做选择，也不会将自己的意愿强加给孩子。

梁启超希望自己的次女梁思庄选择生物专业，但是梁思庄尝试学习生物后，发现自己并不感兴趣，于是梁启超写信给她：

听见你二哥说你不大喜欢学生物学，既已如此，为什么不早同我说。凡学问最好是因自己性之所近，往往事半功倍……不必泥定爹爹的话。

当今社会，很多人都会讨论一个问题：父母应不应该为孩子规划好人生？有人认为父母有丰富的阅历，能帮孩子避开一些坑；也有人认为，时代在发展，父母不应该用自己的老观点来看待孩子的人生，要让孩子自己去闯。

对于这个问题，梁启超也给出了自己的答案，他在培养子女时，会尽自己所能为孩子提供条件，但不会替孩子做选择。所有的父母都应该明白，我们可以教育孩子、培养孩子，但是在孩子做决定时不要越俎代庖，甚至包办一切。

父母能做的就是营造优良家风，为孩子的成长提供肥沃土壤，适度地引导和教育孩子，保证孩子不走歪路，然后让孩子自己去探索人生、探索未来。

3. 发现孩子的优势

梁启超经常告诫自己的子女，要认清自己的性格和能力，不要好高骛远，只要充分发挥自己的优势和能力就足够了，他在给子女的信中写道：

要各人自审其性之所近何如，人人发挥其个性之特长，以靖献于社会，人才经济莫过于此。

我生平最服膺曾文正两句话：莫问收获，但问耕耘。将来成就如何，现在想他则甚？一面不可骄盈自满，一面又不可怯弱自馁，尽自己能力做去，做到哪里是哪里，如此则可以无人而不自得，而于社会亦总有多少贡献。

梁启超认为每个人的能力各异，没有必要骄傲或气馁，只要尽力去做就可以了。我认为，"莫问收获，但问耕耘"这句话也应该送给今天的父母们。父母在给孩子提要求时，要看到孩子的优势和缺点，肯定孩子的努力。除此以外，还要帮助孩子客观认识自己的优势，发挥自己的优势。

4. 多鼓励，少批评

梁启超次女梁思庄在加拿大读书期间，有一次考试只考到了全班第十六名，她非常沮丧。梁启超得知后，立即写信鼓励她：

庄庄：成绩如此，我很满足了。因为你原是提高一年，和那按级递升的洋孩子们竞争，能在三十七人中考到第十六，真亏你了。好乖乖不必着急，只需用相当努力便好了。

在梁启超的鼓励下，梁思庄努力用功学习，并一跃成为班上的前几名。梁启超非常高兴，并在回信中再次鼓励女儿：

庄庄今年考试，纵使不及格，也不要紧，千万别着急……你们弟兄姐妹个个都能勤学向上，我对于你们功课不责备，却是因为赶课太过，闹出病来，倒令我不放心了。

有时候，父母的鼓励能成为孩子前进的动力。我想，梁启超的子女之所以个个优秀，与他的鼓励式教育是分不开的，这种教育方法很值得今天的父母们借鉴。

5. 看淡得失，顺其自然

梁启超在教育子女的过程中一直坚持一个原则，那就是"顺其自然"，他认为人应该学会接受失败和挫折，不要过于看重得失，要把挫折和失败当成磨炼自己的机会，让自己在挫折中得到成长。

当大女儿梁思顺遭遇失业的困境时，梁启超写信宽慰她：

现在处这种困难境遇正是磨炼身心最好机会，在你全生涯中不容易碰着的，你要感谢上帝玉成的厚意，在这个当口儿做到"不改其乐"的功夫才不愧为爹爹最心爱的孩子哩。

梁启超把挫折看成是人生的馈赠，孩子们在他的影响下也养成了笑对挫折的品格。

我们常常在很多社会新闻中看到孩子因为受不了挫折而做出无法挽回的事，让父母痛不欲生。这样的新闻让人惋惜，也让我们不得不正视对孩子的挫折教育。

事实上，孩子面对挫折和失败的态度，完全取决于父母。只有父母做到面对挫折和失败仍"不改其乐"，孩子才能有笑对失败和挫折的从容态度。父母不仅要教育孩子锐意进取、获得成功，也要接受孩子的失败，拥抱孩子的缺点，只有这样，孩子才能有好心性和大格局。

在梁氏家族的家风传承过程中，梁启超是一个承上启下的人物，他兼容并蓄的教育理念不仅培养出了优秀的子女，也让一个家族在新时代焕发出新的光彩。

合肥张家：才华在细枝末节里发酵

说到合肥张家，我们脑海中浮现出的是张氏四姐妹的优雅身影，从张家九如巷里走出的四朵金花，是民国时期的一道靓丽风景，也是那个时代的闺秀典范。张氏姐妹的传奇故事为我们留下了一段佳话，也令我们对张氏家风产生了无尽遐想。究竟是什么样的家庭教育，培养出了这风雅大方、才华横溢的四姐妹？

一、诗书、昆曲里的风雅种子

张氏姐妹的风雅和才情源于张家浓厚的读书风气，张家上下，从主人到亲友、家仆都有读书和学习的习惯，可以说张家是一个全员读书、全员学习的大家庭。

张氏四姐妹的母亲陆英鼓励家中所有的保姆读书认字，张家准备了很多写着常用字的小木块，每天早上保姆们为陆英梳头时都可以借助梳妆台上的小木块认字，日积月累，张家的保姆们都学了不少字。

保姆之间还会比试谁认识的字多，为了不输给其他人，张家的孩子们纷纷为自己的保姆开小灶，学习的风气也因此日益浓厚。会认字读书以后，保姆们闲暇时也会在一起聊诗书或写字。经过学习后，有些原本大字不识的保姆甚至可以自己写家书了，张家的读书风气可见一斑。

张家的父亲张冀牖是一个嗜书如命的人，他爱读书，也爱藏书，到苏州后成了有名的藏书家，当时苏州的大小书商几乎都与张家打过交道，每次张冀牖到书店买书，书商们都会全程陪同。

张家从来不限制孩子们读书，家中的任何书都可以随意翻阅，张家还请了古文先生教孩子们学习古诗词，张家姐妹很小的时候就能吟诗作对。除了接受古文与诗词的熏陶，张家姐妹还在父母的影响下接触到了风雅浪漫的昆曲艺术。父亲张冀牖喜欢昆曲，而且对昆曲有一定研究，母亲陆英也很中意这门艺术，夫妇俩经常带孩子到苏州的全浙会馆听戏。

出于对昆曲的喜爱，张家专门请了老师教四姐妹学习昆曲，后来四姐妹都深深爱上了这门艺术，其中大姐张元和与小妹张充和都与昆曲结下了不解之缘，张元和嫁给昆曲名伶顾传玠，张充和在美国耶鲁大学的艺术学院教授书法和昆曲。

诗文和昆曲为张家四姐妹种下了风雅的种子，也造就了她们与众不同的优雅气质。张氏家风中的风雅，伴随了四姐妹一生，在她们长大成人、各奔东西后依然滋养着她们的心灵，丰富着她们的精神世界。

二、尊重天性，开明宽容

在教育孩子的过程中，父亲张冀牖十分尊重孩子的天性，对待孩子的态度也始终开明宽容。父亲的良苦用心体现在四姐妹的名字中，在给女儿取名时，父亲并没有随大溜地采用一些女性化的字眼，而是别出心裁地用四个"带两条腿"的字当名字，因为他希望每个女儿都能有自己的"两条腿"，在人生道路中发挥自己的才干、走自己的路。

父亲用心良苦的栽培，让四姐妹都拥有了自己鲜明的个性，大姐元和文静端庄，二姐允和淘气机灵，三妹兆和忠厚内向，四妹充和则稳重规矩。四姐妹的童年时光是无忧无虑的，因为父母给了她们最大限度的自由，并为她们提供了良好的成长环境。

当时，相机、留声机、家用放映机等对中国家庭来说是罕见而贵重的物品，父母们是不会让孩子随意使用的。但是，在张家，这些贵重物品并没有被束之高阁，孩子们可以随意使用，父亲张冀牖和母亲陆英还会亲自指导孩子。张家父母的教育方式让孩子们的生活增添了许多乐趣，为孩子的童年平添了许多幸福和快乐。

张冀牖和陆英开明的态度和对孩子天性的尊重，让张家姐妹从小就对世界充满了探索欲和求知欲，她们也因此把学习当成一件快乐的事。"上午读书，下午唱戏"是张家姐妹儿时的生活常态，尽管学业十分繁忙，但她们并不觉得痛苦，反而能从学习中获得快乐。

张家父母的教育理念和教育方法给了我们一个重要启示，那就是父母要尊重孩子的天性，让孩子快乐地学习和成长。当然，在尊重孩子天性的前提下教育好孩子并不是一件简单的事，父母们也需要更多的修炼和成长。

三、教学相长、培养感情

和许多同时代的家庭不同，张家的家庭氛围是轻松而温馨的，父母与子女之间、兄弟姐妹之间的关系都非常融洽。

在张二小姐张允和的印象中，父亲很喜欢给她们姐妹篦头，但好动爱玩的姐妹们却没有篦头的耐心，每次父亲为她们篦头时，她们都会一边用梳子戳父亲，一边抱怨："烦死了，烦死了，老要篦头。"而父亲也不生气，总是边给女儿梳头，边讲一些在书里看到的故事，而姐妹们也会很快沉浸在父亲的故事里，等故事讲完了，头发也篦完了。

在张家女儿们成长的过程中，有很多类似的互动。张冀牖作为一家之长，平常的事务非常繁忙，但他却愿意挤出时间参与孩子们的生活日常，陪伴孩子们成长。父亲的陪伴和关怀，为张家的家庭生活增添了一抹浓厚的温情。

张家的孩子们之间也有着非常深厚的感情，因为母亲陆英十分重视孩子们之间的感情培养。在孩子们小的时候，陆英让二姐允和给四妹充和当老师、大姐元和给大弟宗和当老师、三妹兆和给二弟寅和当老师，这种互帮互助的相处模式，让孩子们得到了教学相长、培养感情的良机。

爱和陪伴是孩子成长最好的营养品，温馨和睦的家庭是孩子最温暖的摇篮，对孩子的性格形成起着至关重要的作用。与父母和兄弟姐妹的深厚感情，是张家四姐妹的宝贵精神财富。

如今，张家四姐妹已相继离世，她们的夺目风采已成为记忆，但是她们身上透露出的家风和家教，依然值得我们细细品味。

吴越钱家："星"光灿烂，人才"丛"生

一千多年前，唐宋交接之际，天下纷争、群雄并起，形成了一个叫作五代十国的乱世。那是中国历史上混乱的时代之一，在战火的荼毒下，北方各地田园荒芜、民不聊生。但是，位于南方江浙一代的吴越国却是一片太平安乐的景象。吴越国的富庶与和平，得益于英明的君主——钱镠。

吴越王钱镠不仅留下了为人称道的政绩，还留下了传颂千古的《钱氏家训》。吴越钱氏的兴盛源自吴越王钱镠，至今已有一千多年的历史，这个家族的人才之盛、传续之久都令世人惊叹。钱三强、钱学森、钱穆、钱锺书等著名科学家、文学家都来自钱氏家族。杭州钱镠研究会秘书长钱刚在评价钱氏家族时曾说：

钱氏家族非常崇尚教育，别看我们虽然姓钱，但是却出了很多的文学家和科学家。全国有钱氏人口264万，占全部人口千分之零点二二，可出的各类人才却大大高于别的姓。

"英才辈出"已经不足以形容钱氏家族人才鼎盛的景象了，据

统计，钱氏家族目前有100多支，仅无锡钱氏一支就出现了10位院士。在整个钱氏家族中，当代科学界、文化界的学者和名流达100多位，遍布几十个国家。如果把历史上所有的钱氏名人都统计一遍，那这个名单一定会很长。

比如，北宋时期有大才子钱昆、钱易，元朝有画家钱选，明朝有礼部尚书兼东阁大学士钱士开，明末清初有大文学家钱谦益，清代有"吴中七子"之一的钱大昕。

自近代以来，钱氏家族更是人才济济，可以称得上是群星灿烂。比如，"中国航天之父、中国导弹之父"钱学森，"中国近代力学之父"钱伟长，"中国原子弹之父"钱三强，国学家钱基博，文学家钱锺书，史学家钱穆，著名学者以及新文化运动倡导者钱玄同，空气动力学专家钱学榘，神经生物学家钱永佑，经济学家钱俊瑞，诺贝尔化学奖得主钱永健，外交家钱其琛，等等。

以上列举的名单只是钱氏家族人才的一小部分，如果我们对这些钱氏名人之间的关系稍加了解，就不难看出钱氏家族的人才经常连续、成批地出现，可以说是"父子、兄弟、叔侄相续不绝"。

一、传颂千古的《钱氏家训》

为什么钱氏家族能涌现出如此多的人才呢？有人说是因为钱氏家族拥有优越的基因，这个说法当然是没有任何依据的。如果一定要为这个现象找出一点儿依据的话，我认为《钱氏家训》才是钱氏家族人才"丛"生的重要原因。

《钱氏家训》是吴越王钱镠留给钱氏子孙最宝贵的精神遗产，它奠定了钱氏家族的良好家风基础，也滋养了世世代代钱氏子孙的心灵，为钱氏子孙的成人成才指引了方向，成为钱家人才辈出的不竭动力。

《钱氏家训》共分为个人、家庭、社会、国家四大部分，它无论是对钱氏子孙的立身处世，还是持家治国，都做出了全面的规范和教诲，是钱氏后人最重要的行为准则。全文如下：

个人：心术不可得罪于天地，言行皆当无愧于圣贤。曾子之三省勿忘。程子之四箴宜佩。持躬不可不谨严。临财不可不廉介。处事不可不决断。存心不可不宽厚。尽前行者地步窄，向后看者眼界宽。花繁柳密处拨得开，方见手段。风狂雨骤时立得定，才是脚跟。能改过则天地不怒，能安分则鬼神无权。读经传则根柢深，看史鉴则议论伟。能文章则称述多，蓄道德则福报厚。

家庭：欲造优美之家庭，须立良好之规则。内外门闾整洁，尊卑次序谨严。父母伯叔孝敬欢愉。姊娌弟兄和睦友爱。祖宗虽远，祭祀宜诚。子孙虽愚，诗书须读。娶媳求淑女，勿计妆奁。嫁女择佳婿，勿慕富贵。家富提携宗族，置义塾与公田，岁饥赈济亲朋，筹仁浆与义粟。勤俭为本，自必丰亨，忠厚传家，乃能长久。

社会：信交朋友，惠普乡邻。恤寡矜孤，敬老怀幼。救灾周急，排难解纷。修桥路以利人行，造河船以济众渡。兴启蒙之义塾，设积谷之社仓。私见尽要铲除，公益概行提倡。不见利而起谋，不见才而生嫉。小人固当远，断不可显为仇敌。君子固当亲，亦不可曲为附和。

国家：执法如山，守身如玉，爱民如子，去蠹如仇。严以驭役，宽以恤民。官肯著意一分，民受十分之惠。上能吃苦一点，民沾万点之恩。利在一身勿谋也，利在天下者必谋之；利在一时固谋也，利在万世者更谋之。大智兴邦，不过集众思；大愚误国，只为好自用。聪明睿智，守之以愚；功被天下，守之以让；勇力振世，守之以怯；富有四海，守之以谦。庙堂之上，以养正气为先。海宇之内，以养元气为本。务本节用则国富；进贤使能则国强；兴学育才则国盛；交邻有道则国安。

钱镠认为，做人以立品为先，有才无德的人，是极其危险的。另外，他还提倡"子孙虽愚，诗书须读"，所以，崇文倡教、读书明理，是钱氏家族的重要家风。至今，钱氏家族的不少人仍然还记得，家族早先有个规矩，每有新生儿诞生，全族人就要在一起恭读家训，庆祝的同时，给予期待和要求，以昭郑重。

钱氏家族的人才辈出、绵延不绝，让我们更深刻地理解了"人品出于家教，德行成于家风"的含义，家风是融化在血液中的气质，是沉淀在骨髓里的品格，是读书立世的准则。

二、家国情怀、赤子之心

每当我们谈到钱氏家族，就不能不提一个人，那就是"两弹一星功勋科学家""中国航天之父"钱学森。回顾钱学森波澜壮阔的一生，我们会发现，他也是《钱氏家训》的忠诚信仰者和践行者。

《钱氏家训》中的"利在一身勿谋也，利在天下者必谋之"就是钱学森的人生写照。钱学森是一个充满家国情怀的人，他始终对自己的祖国和事业怀有一份赤子之心，正是这份情怀与责任支持着钱学森走过了5年的艰难归国路。

1949年，当中华人民共和国成立的消息传来后，身在美国的钱学森和夫人蒋英就决定回国，用自己所学去建设祖国。可是，就在钱学森到达港口，准备起程回国时，美国政府逮捕了他并将他关进了监狱，此后5年间，钱学森一家不仅失去了自由，还遭到美国政府的迫害。直到1955年，经过多方的斡旋和努力，钱学森和妻子才重获自由，并带着一双儿女一起回到了魂牵梦绕的祖国。

面对困难和诱惑，钱学森是如何坚守住底线的呢？我想钱氏家风也许能给我们答案。正如钱学森的儿子钱永刚所说："《钱氏家训》的核心是两点，一是要有为，二是要守底线，如果要用一句话来概括《钱氏家训》，那应该就是中华民族知识分子的历史担当。"在钱氏家风的影响下，钱学森冲破重重阻碍，义无反顾地回到了祖国。

钱学森对自己的事业始终怀有无限热忱，他把自己有限的时间、精力和金钱都投入科研与教育中。1957年，钱学森因发表《工程控制论》而获得中国科学院自然科学奖一等奖（即后来的国家自然科学奖一等奖），他还拿到了1万元奖金，这在当时不是一笔小数目。钱学森用这些钱购买了第二个五年计划的国家经济建设公债，5

年后他获得了利息和本金共11000元。但是，钱学森并没有把这笔钱用在自己身上，而是把这11000元捐给了学校，用于购买教学用品。

1961年，钱学森在上"火箭技术概论"这门课时，要求学生们每人准备一把计算尺，当时一把计算尺的价格相当于一个普通大学生一个月的伙食费，很多家庭贫困的学生都无力购买计算尺。钱学森得知情况后，立即让学校从自己的捐款中拿出一笔钱来给每个学生买了一把计算尺。

钱学森的夫人蒋英与他志趣相投，同样是一位热爱自己事业的学者，对金钱和名利也并不看重。蒋英是中国声学界的知名教授，很多人上门向她求教，但无论在家里还是在学校，蒋英从来不收取任何学生一分钱。对于蒋英的举动，钱学森也给予了高度评价，他说："老师教学生，天经地义。"

如今，钱学森的一双儿女都已经成了白发苍苍的老人，但他们对于父母的故事仍然记忆犹新。钱学森夫妇从未教过孩子如何读书，也对孩子的成绩没有过多要求，但他们用自己的行动告诉了孩子们，自己对国家、对事业、对学问、对名利的态度。

钱学森夫妇将钱氏家风和家训铭记在心，用高尚的品格、勤奋的作风和宽广的胸怀，无声地影响着孩子们的成长，灌溉着孩子们的心田。

望族陈家：一门五杰，人文渊源好传统

中国历史上有许多名门望族、显第世家，但是能做到一门三代四人都被列于《辞海》的家族却只有义宁陈氏。被列于《辞海》上的陈氏俊杰有：晚清维新名臣陈宝箴、近代同光体诗代表人物陈三立、画家陈衡恪、史学大师陈寅恪，他们四人再加上"中国植物园之父"陈封怀，并称"陈门五杰"。

"陈门五杰"是一脉相承的祖孙四代人，他们身上都流淌着义宁陈氏的品格，传承着义宁陈氏的家风。国学大师吴宓认为，义宁陈氏是"中国近世模范人家……父子秉清纯之门风，学问识解，惟取其上，所谓文化贵族"。

陈氏家族之所以能谱写"一门五杰、四代精英"的辉煌，只因为这个家族具有独特的人文传统和清纯家风。

一、于细微处见家风

关于陈氏家族的家风，陈寅恪先生的弟子周一良教授有着深刻的感触，在他的回忆中，提到过这样一件事：有一次陈寅恪家中有客人到访，陈寅恪的父亲陈三立出面待客，与客人对坐聊天。当时，已经人到中年而且是知名教授的陈寅恪并没有一同坐下，而是一直站着陪在父亲身侧。

于细微处见家风，从陈寅恪的举动中，我们可以看出一个人自幼所受的熏陶会逐渐内化，并在举手投足间自然流露出来。虽然陈寅恪曾留学海外多年，吸收了许多西方的新观念和新思想，但他依然恪守着中国的优秀传统，陈氏家风已经深深烙印在他的身上。

从很多细节中，我们都可以看到家风、家训和中国传统文化对陈寅恪先生的影响。比如，陈寅恪先生在清华大学担任教授以后，很快就成了陈氏大家庭的顶梁柱，当时陈家家道中落，陈寅恪不仅要赡养老父，还要帮扶弟妹，在中国传统文化中的孝悌观念和陈氏家风的影响下，他自觉承担起了作为儿子和兄长的责任。

直到1949年，陈寅恪先生每个月领到薪水后的第一件事，就是让女儿先给南京的"康姑"（陈寅恪的大妹妹）寄生活费。陈寅恪对亲人关爱、照顾，对学生和朋友也真诚相交。无论是在学术研究方面，还是在立身处世方面，陈寅恪都堪称楷模，有人说他是中国传统君子和现代知识分子的完美结合。

家庭在一个人身上留下的烙印是无法磨灭的，陈寅恪身上的优秀品质源于义宁陈氏的优良家风，那么，陈氏家风的独特之处又在哪里呢？

二、独立之精神，自由之思想

如果我们将陈氏家风略做归纳，就可以发现，以下三点内容就是造就陈氏家族"一门五杰"的核心关键。

耕读、忠孝传家　　　　　　　　坚守品格与情操

陈氏家风

中体西用、不忘传统

陈氏家风的三个核心

1. 耕读、忠孝传家

耕读与忠孝，是中国很多世家的传统家风，陈氏家族也不例外。在陈寅恪的祖父陈宝箴之前，陈氏家族一直以耕读传家，自陈宝箴之后，读书做学问的氛围就更浓厚了，"陈门五杰"正是在这样的读书氛围中涌现出来的。

忠孝也是陈氏家族的传统，陈宝箴和他的儿子陈三立都做到了孝父母、忠国家。到了陈寅恪这代，清王朝已被推翻，已经不存在朝廷和君主，但是在抗日战争期间，陈寅恪所展现出来的民族气节也是忠义的表现。

贯穿在陈氏家族几代人之间的家国情怀，让他们充满了责任感和使命感，无数陈氏子孙把"经世致用"作为自己的准则，为理想、为国家而奋斗。

2. 中体西用、不忘传统

陈寅恪祖孙三代所处的时代，恰好是近代中国较动荡的时代，中国在西方列强的坚船利炮之下风雨飘摇。在这样的背景下，中国传统思想和西方思想发生着激烈的碰撞。有的人顽固排外，有的人全盘接受西方文化，但也有一些人主张"中体西用"，即"以中国伦常经史之学为原本，以西方科技之术为应用"，陈寅恪祖孙就是"中体西用"派的坚决拥护者。

陈宝箴支持维新变法，是维新派的实权人物，陈三立在晚清时代襄助父亲推行新政，进入民国后又推行新式教育，陈寅恪学贯中西，推动了中国史学的现代化。从陈氏祖孙三人身上，我们可以清楚地看到西方文化与传统文化碰撞的痕迹。

传统文化的基因是不可中断的，但却可以随着时代的变化不断更新和发展，陈氏家风在百年的传承中也几经变化，但依然保留其精神内核。

3. 坚守品格与情操

陈寅恪曾在《对科学院的答复》中写道：

对于独立精神、自由思想，我认为是最重要的，所以我说"唯此独立之精神，自由之思想，历千万祀，与天壤而同久，共三光而永光"。

我认为"独立之精神，自由之思想"准确地体现了陈寅恪先生作为一名知识分子的品格和情操，要做到这一点，是难能可贵的。

我们也可以从陈氏家风中找到独立精神和自由思想的影子。

比如，陈宝箴甘冒政治风险支持维新变法，但又能保持独立不被潮流裹挟，他与康有为因为政见不同而分道扬镳后，仍然能保持公心，并愿意维护和保全对方。陈三立就更不用说了，民国以后他就绝意仕宦，寄情于诗文了。

以上三点对于今天的家庭教育依然有很大的借鉴意义，"独立之精神，自由之思想"依然可以作为我们做学问、做人、做事的重要原则。

洛河康家：积善之家，必有余庆

在洛水汤汤之处，邙岭半坡之间，有一座青砖灰瓦、传承百年的庄园，这座庄园被称为中原古建筑典范。建起这座庄园的家族姓康，被称为洛河康家。

康氏家族以耕读、经商传家，曾历经明、清两朝，四百多年的积累令康氏家族成为当之无愧的中原巨富。清末年间，康氏家族第十七代领袖康鸿猷向清政府捐银100万两，因此被人们称为"康百万"。此后，"康百万"就成了康氏家族的代称，康氏庄园也被称为康百万庄园。

"康百万"这个称号不仅彰显了洛河康家的豪富，更体现了康氏家族诚信经商、修身齐家、积德行善的优良家风。古语有云"积善之家，必有余庆"，康氏家族之所以能够积累如此多的财富，并代代传承下来，就是因为他们的家风和家训中十分强调德行，康家子孙无论是经商还是为官，都恪守道德底线，康氏家族也因此成为豫商中的翘楚。

康百万庄园见证了洛河康氏的兴盛和发展，庄园中许多彰显康氏家风、家训的楹联也得以留传下来。比如"处事无他莫若为善，传家有道还是读书"就体现了康氏家族"读书、为善"的家训。康百万庄园中还有许多这样的楹联，我们可以从这些楹联中探寻出属于康氏家族的独特家风。

一、康氏家训之修身、治家

在康百万庄园中，有许多关于修身和治家的家训。

比如，"克俭克勤思其艰以图其易，是彝是训言有物而行有恒"是告诫后代要懂得创业的艰难，守成的不易。

"友以义交情可久，财从道取利方长"的意思是：朋友相处要义字当先，只有讲义气，朋友之间的感情才能持久，而钱财要取之有道、诚信为本，只有这样才能长久。这句话中的"道"和"义"泛指各种社会道德规范和法律制度等。这句家训是要求子孙后代遵纪守法，恪守道德底线。

"审时度势诚信至上商之本，化智为利化利入义贾之根"的意思是在经营生意时要以诚信为本，用自己的智慧获得合法的收益。这句话点出了康氏家族的核心家训之一——诚信经商，这是康氏家族生存发展至今的根本。而且，诚信也是一个人立身处世的基本原则，能够体现一个人的修养和道德。

康氏家族有一条非常独特的家规，那就是"家族子孙不得纳妾"，这条家规虽然在封建社会显得格格不入，但是却让康氏家族团结一心。先修身才能治家，康氏家训强调个人的德行，并将德行融入治家的思想中。

康氏家族还深受儒家思想影响，将"留余"的思想作为治家核心，留余的意思是做任何事都留有余地，不把技能用尽，不把财富用尽，不把福分用尽，才能让家族绵延下去。康氏家族能历经十二代四百多年不衰，与"留余"治家思想和讲究德行的家训是分不开的，这也是康氏家族留给后代的宝贵财富。

二、康氏家训之读书传家

家有良田美宅，有可能会因天灾人祸而被摧毁；家有金山银山，有可能坐吃山空；而一个人肚子里的文化，却是谁都拿不走的。因此，以经商起家的康氏家族非常重视子孙后辈的教育，并把"诗礼传家"作为十分重要的家训。为了让子孙后代有更好的读书条件，康氏家族设立了儿童私塾、青年学馆和藏书楼。儿童私塾是为家族中的幼童们启蒙的学堂，青年学馆是康家青年们读书、会友的地方，而藏书楼则是家族公共图书馆。

康氏家族不仅在教育上投入巨资，聘请名师任教，还非常注重营造家中的学习氛围。在康百万庄园中留下了许多长辈劝学、晚辈好学的细节。在庄园南院的一个厕所的门楣上，刻着"三上成文"四个大字，这四个字出自欧阳修的《归田录》，原文是："余平生所作文章，多在三上，乃马上、枕上、厕上也。"在厕所门上刻"三上成文"的目的是提醒子孙们利用一切时间读书做学问，在厕上、马上、枕上也可以读书、做文章。

在康百万庄园中还有一张拜月石案，这张石案的底部刻了一段铭文："顽然一块石，谁道有精神？岂知经镂刻，还能见天真。刮去垢兮磨其光，棱角铮铮类珪璋……"这张石案和铭文体现出了康氏家族对读书的重视，就连游园、拜月的时候，也不忘提醒子孙读书进取。

三、康氏家训之诚信、为善

康氏家族的子孙中，既有经商的，也有为官的，但无论是经商还是做官，康家的后人都谨遵"诚信"和"为善"的家训。康百万庄园中有一块写着"以德领商"四字的楹联，还有颂扬关公信义的"义存汉室三分鼎，志在春秋一部书"，这些楹联意在提醒子孙后辈在商海的沉浮中讲究德行和信义。康氏家族把诚信视为立世之本和经商之道，这也是康氏家族能够积累巨大财富的秘诀。

除了诚信以外，行善也是康氏家族的重要家训，康百万庄园中的一口井就见证了康氏先辈行善积德的举动。在康熙年间，康家想买下洛河边上一块地，但这块地属于一个姓叶的人家。康家人找叶家人商议后，叶家人同意了卖地，但却不卖地里的一口水井。后来康家许以重金，叶家仍然不愿意卖水井，最终康家人放弃了买井，把叶家井保留了下来，这口叶家井象征着康氏家族不恃强凌弱、与人为善的家风。

康氏家族十四代传人康应魁也留下了一段"庆寿焚券"的佳话。故事发生在康应魁七十五岁大寿的寿宴上，康应魁体恤乡亲，不仅不收他们的贺礼，还让人将康家多年以来发放的借债整理出来，把其中属于孤寡老人、残疾人的借债契约一把火烧掉，族人和乡亲们都十分感念康应魁的义举。康应魁还教导自己的儿子："我们经商赚钱，就好像筑起了一圈堤坝，把水聚集起来，形成一座水池。当池中的水越多，水池所受的冲击和破坏力也就越大，一旦堤坝垮塌，就什么都没了。因此，我们不仅要会赚钱，还要会散财，多做善事多散财，我们的家族才能长久地兴旺下去。"

从明清以来，康家人才辈出，修身治家、读书、行善、诚信等优良家风对康家后人产生了深远影响。世事虽然变迁，但康氏家风仍然源远流长。

第5章

正家风：帮助孩子建立立身处世的基本法则

　　父母教育孩子的第一步，就是帮助孩子建立立身处世的法则。父母应该教孩子遵守规则、敬畏规则，帮孩子养成节俭的好习惯，培养孩子的责任心和抗挫折能力，让孩子成为一个坚强勇敢、有担当的人，父母还要培养孩子的学习习惯，让孩子爱上学习。

站有站相、坐有坐相，再小的事，也要有规则

在生活中，我们经常会遇到一些不遵守规则的人，这些人不仅妨碍了别人，也将自己置于危险当中。有一次，我在乘地铁时，有个人在地铁关门的最后一刻才冲上车，惊险程度堪比动作片，把车里车外的人都吓了一大跳。乘客们都在为这个人庆幸："好险啊，还好他冲进来了，如果晚一秒，被地铁门夹住，后果不堪设想。"这个人无疑是幸运的，但是这样的侥幸真的每次都会发生吗？

人生中没有这么多"如果"，有时候，不遵守规则会让人们付出惨痛的代价。

2017年1月29日，宁波雅戈尔动物园内发生了"老虎伤人事件"，这出惨剧的起因是一名成年男子逃票进入虎山，该男子在虎山内被老虎攻击，后经抢救无效死亡。这血淋淋的真实事件令人既惋惜又心有余悸。同样的老虎伤人事件在北京八达岭动物园也

上演过。

逃票进动物园是一种漠视规则的行为，有的人侥幸成功，有的人却为此付出了代价。违反规则的结果是不确定的、充满风险的，但是遵守规则却能最大程度地保证我们的安全。

在这个社会上，规则无处不在，买票、停车、走路、说话、购物等日常行为都有对应的规则，这些规则看似束缚着我们，但同样也保护着我们。如果每个人都遵守规则，社会将会变得更加公平、有序和安全。

真正的自由，往往从不自由中来，每一个成年人都应该明白，不加限制的自由会带来灾难，遵守规则就是保护自己。所以，每一个父母都有责任、有义务教育自己的孩子遵守规则，敬畏规则。

一、遵守规则才能更自由、更安全

社会的运转离不开规则，父母应该尽早让孩子明白，世界不会以自己为中心运转，只有顺应规则、遵守规则，才能更自由、更安全。

有人说，孩子是一个家庭的镜子，从孩子身上我们可以看到一个家庭的家风，以及父母的行为做派。因此，想要让孩子学会遵守规则，父母就要先遵守规则。

如果父母要求孩子在公共场合不吵闹，自己就要在公共场合时刻保持安静；如果父母要求孩子遵守秩序，自己就要做到不插队、守规矩；如果父母要求孩子节约，自己就要及时关闭水龙头；如果父母要求孩子保护环境，自己就不能乱扔垃圾。父母应该以身作则，用自己的实际行动告诉孩子什么是规则，怎样遵守规则。

古人云"勿以恶小而为之"，就是让我们不要忽视生活中的规则，不要因为某些规则是小事就去违反它。所谓"千里之堤溃于蚁穴"，底线就是在一件件小事中被逐渐突破的。比如，有些父母过马路时带着孩子闯红灯，乘电梯时推搡别人，逛超市时先吃后付钱，等等。这些行为看起来微不足道，但却会破坏孩子的规则意识。

在孩子的世界里，不分大事和小事，只分对与错。在父母看来，自己只是钻了个小空子，但在孩子眼中，父母做了一件错事，并且没有受到惩罚，那么他也会有样学样。也许有一天，孩子就会因为这些违反规则的小事而付出惨痛的代价。父母应该记住一句话：教孩子漠视规则，就是漠视孩子的生命；教孩子走捷径，就是让孩子在悬崖上跳舞。

二、怎样帮助孩子建立规则意识

如果父母想要让孩子学会守规则，就要帮助孩子在日常生活中建立规则意识。父母是孩子的老师，也是孩子的监督者，父母应该时刻关注孩子，帮孩子明确边界，及时纠正孩子的错误行为。慢慢地，孩子就会把在父母身上看到和学到的规则转化为自己的行为准则。那么，身为父母，我们应该怎样培养孩子的规则意识呢？

我们可以从日常生活入手，为孩子定几个规矩，让孩子在规矩中学会遵守规则的必要性。

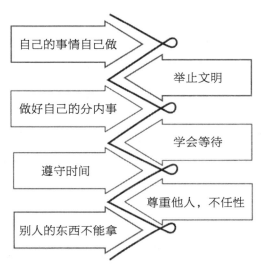

孩子在日常生活中必须遵守的规则

1. 自己的事情自己做

孩子还小的时候，父母就应该让他们学着做自己的事。7岁左右的孩子就已经具有相当的自理能力了，像铺床叠被、穿衣洗漱、收拾房间等事项他们都可以独立完成。

父母还可以给孩子设定一些目标，让孩子慢慢地去学习和完成。在孩子真正学会自理之前，父母应该花时间指导孩子，让他们知道该怎么做。

2. 举止文明

文明的举止是一个人的基本修养，而且社会规则也要求我们举止文明。比如，公共场合不大声喧哗、不随地便溺、不随地吐痰、不妨碍公共秩序等。

如果父母想让孩子举止文明、遵守规则，就要告诉孩子这些规则的意义，以及该怎样做，并以身作则，给孩子带个好头。

3. 做好自己的分内事

每个人都有自己的分内事，大人要工作，孩子要学习，这些事是我们必须去做的。因此，当孩子闹脾气不肯去上学，不愿参加集体活动，或者上兴趣班半途而废时，父母就要注意了。这时候，父母应该给孩子做工作，安抚孩子的情绪，并帮助孩子克服困难，把自己的分内事做好。

4. 学会等待

让孩子学会等待是非常重要的，因为学会等待能培养孩子忍耐力、耐心和持之以恒的能力。具体来说，让孩子学会等待就是告诉孩子，把手头的事情做完才能休息和玩耍，或者等到周末才能去游乐园。

等待的时间可以慢慢加长，最开始，我们可以让孩子先等1分钟，接着增加到2分钟、3分钟、4分钟……父母可以把时间换成孩子能听懂的说法，或者把等待时间具象化，这样孩子就会更有耐心。

5. 遵守时间

在现代社会生活中，守时是一个非常重要的品质。我们可以通过合理安排生活来树立孩子的时间观念，增强孩子内心的秩序感。想让孩子学会守时，父母肯定要以身作则，还要在生活中经常与孩子约定时间，比如"10分钟后关掉电视""再睡15分钟就起床"等。

6. 尊重他人，不任性

尊重他人，是一条重要的人际交往规则，父母应该从小教育孩子在家要尊重父母长辈，不能跟父母长辈乱发脾气，在学校要尊重老师和同学，还要有礼貌，在外面要尊重每一个人，做错事要向别人道歉。

7. 别人的东西不能拿

父母还要帮孩子建立物权意识，让他们明白什么东西是自己的，什么东西是别人的。父母还应该告诉孩子，自己的东西可以随便用，但别人的东西不能拿，借来的东西要爱惜，还要有借有还。

教孩子学会遵守规则，就是对孩子最好的保护，再小的事也要有规则，父母千万不要忽视，要以身作则，为孩子树立"遵守规则"的好榜样。

一粥一饭，当思来处不易

"一粥一饭，当思来处不易；半丝半缕，恒念物力维艰。"这句话出自《朱子家训》，它的意思是每一顿饭、每一件衣服都是劳动所得，来之不易，不应该有一丝一毫的浪费。

　　我有一个朋友，他的女儿妞妞不懂得珍惜食物，水果吃两口就扔在一边，不喜欢吃的菜尝一口就吐出来，发脾气时还会把饭碗掀翻。看到妞妞这个样子，朋友很担心她养成浪费的坏习惯。

　　妞妞不仅不珍惜食物，也不爱惜自己的玩具，她不仅喜新厌旧，而且还会把不喜欢的玩具砸烂。几百块钱的娃娃买回来后摆在柜子里一次也没玩过，价格不菲的布偶被她用彩笔画得乱七八糟，名牌机器人被她砸得四分五裂……妞妞的父母希望给孩子提供一个物质充裕的幸福童年，虽然妞妞一直破坏玩具，但他们还是不断地购买新玩具。

　　这样的情况在我们身边并不少见，现在的孩子都是家里的小公主或小王子，父母竭尽全力给孩子最好的生活，宁愿自己吃苦，也要给孩子提供最好的条件。可是，孩子一旦习惯了高消费，就会养成大手大脚的生活习惯。俗话说"由俭入奢易，由奢入俭难"。当孩子的消费习惯养成了，父母再来强调节俭，孩子就很难接受了，也很难降低自己的消费水平了。

　　这种现象符合经济学家杜森贝提出的"棘轮效应"，用通俗的话来解释，就是人们的消费水平会随着收入的增高而提升，但是，已经提升的消费水平，却很难再降低。可见，消费水平的提升是不可逆的，这与"由俭入奢易，由奢入俭难"的意思不谋而合。

　　"棘轮效应"告诉我们，人一旦养成了奢侈浪费的习惯，就很难再回到节俭的生活。因为，从节俭变奢侈是一种享受，而从奢侈变节俭则是一种痛苦。

习惯了奢侈浪费的孩子，长大后会很难适应生活中的困难和改变。因为奢侈的消费观念已经渗透到了孩子生活的方方面面，如果不能维持之前的消费水平，孩子就会很痛苦。如果孩子没有足够的能力支撑自己的消费，他就会去依赖父母甚至投机取巧。所以，父母应该从小培养孩子正确的消费观，无论家里多么富裕，父母都要让孩子学会合理地使用金钱。

一、孩子浪费是因为父母的纵容

孩子养成奢侈浪费的习惯，父母是"罪魁祸首"。一般来说，父母纵容孩子奢侈浪费的原因有以下几点：

1. 弥补心理作祟

有的父母小时候家庭条件不好，生活贫困，当他们有了孩子，也有了经济能力以后，就会给孩子提供自己能力范围内最好的物质条件，以弥补自己的遗憾。这类父母小时候体会过贫穷，所以他们生怕自己的孩子受苦，于是拼命给孩子花钱，最后造成了孩子的奢侈浪费。

2. 碍于面子，怕别人嘲笑自己小气

在商场或超市里，孩子哭闹着要父母给自己买某个玩具，父母一方面心疼孩子，另一方面害怕别人嘲笑自己小气，于是不得不依着孩子。这类父母经常会在孩子的哭闹要挟下，给孩子买一些昂贵的玩具、衣服和零食。父母让孩子得逞一次，孩子就会每次都采取这种策略，让父母不得不屈服，这样也会让孩子养成不正确的消费观。

3. 用物质弥补亲情

有的父母工作忙碌，很少陪伴孩子，他们会对孩子感到愧疚。于是，这些父母为了弥补孩子，就给孩子买各种各样的衣服、玩具和零食。父母通过这样的方式来减轻自己的愧疚感，也期望昂贵的礼物能让孩子开心。

4. 父母本人奢侈成性

如果父母本人奢侈和喜欢炫耀，那么孩子也会养成奢侈的习惯。比如，父母平时购物不节制，经常在孩子面前一掷千金，看到喜欢的就买，根本不考虑需求，孩子耳濡目染，花钱也会大手大脚。父母经常给孩子灌输奢侈浪费的思想和观念，孩子又怎么会节俭呢？

孩子养成奢侈浪费的习惯是父母之过，父母以身作则，勤俭节约，孩子才会养成节俭的习惯。如果孩子已经养成了奢侈浪费的习惯，父母应该想办法帮助孩子克服。

二、怎样帮孩子克服浪费的习惯

帮孩子克服浪费的习惯，培养孩子正确的消费观，父母应该从以下三点做起。

1. 从小事做起，培养节俭的习惯

父母要从生活中的小事着手，培养孩子节俭的习惯。比如，提醒孩子节约用水，爱惜自己的玩具、衣服和学习用具，养成随手关灯、关水的习惯等。

如果孩子挑食，经常剩菜剩饭，父母可带领孩子了解粮食的种植过程，让孩子体会到"粒粒皆辛苦"的道理。对于孩子不合理的要求，父母应该坚持原则，坚决不答应。

1 从小事做起，培养节俭的习惯

2 不要无原则地满足孩子的要求

3 控制孩子的零花钱

帮孩子克服浪费习惯的方法

2. 不要无原则地满足孩子的要求

如果一个孩子在平时的生活中"要风得风，要雨得雨"，那么他是不可能养成节俭的好习惯的。得到得越容易，孩子越不会珍惜，反而会养成奢侈浪费的习惯。

父母应该适当地满足孩子的要求，这就像吃饭，饿的时候，粗茶淡饭也可以吃得很香；饱的时候，山珍海味也食之无味。

只有当孩子的愿望十分迫切且十分合理的时候父母才能满足他们，无原则地满足孩子的要求只会让孩子变得不懂珍惜。

3. 控制孩子的零花钱

给孩子零花钱当然是必要的，因为让孩子拥有零用钱，可以培养他们的独立自主意识。但父母在给孩子零花钱时，一定要有所节制，不管家庭经济条件如何，给孩子的零花钱都必须以"合理、适度"为原则。

至于具体给多少零花钱，父母可以跟孩子讨论，征求孩子的意见。父母可以让孩子把要花钱的事项列出来，然后一起讨论这些事项是否值得花钱，然后再算出零花钱的额度。这种做法可以让孩子养成有计划地消费的好习惯。

学会担责，遇事不推诿

某个周日，我去电影院看电影，我刚坐下来旁边就来了一对母子，儿子是个十多岁的大男孩。这对母子还没有坐下来，前排就有一个小男孩转了过来，他一手抱头，一手指着大男孩说："你砸到我的头了，好疼！"

原来，大男孩手里拿着一个水杯，可能是水杯不小心碰到了小男孩的头。这其实是一件小事，只要向那个小男孩说声"对不起"就可以了。但是接下来发生的事却让人大跌眼镜。

那个大男孩听了小男孩的话后愣了一下，然后转过头跟他妈妈说："你说！"正当我一头雾水时，大男孩再次命令他妈妈："我不说，你说！"我这才明白，原来大男孩想让妈妈替自己道歉。大男孩的妈妈脸色难看，没有开口，前排的小男孩没有等到他们的道歉，只好叹了一口气不再追究。而那对母子也明显松了一口气。

这对母子的表现实在让人吃惊，他们让我看到了，人推诿责任的样子有多丑陋。而且，这个大男孩如果连这么一点儿责任都不肯承担，那他以后还能承担什么呢？十几年后，当这个大男孩踏入职场后，上司敢把工作交给他吗？

我们都知道，不敢承担责任的人是没有前途的，因为只有敢担责任的人，才会被委以重任；只有敢担责任的人，才会赢得别人的信任。所以，父母千万不要让孩子养成遇事推诿的习惯，要让孩子勇于担责。

一、孩子不负责任是谁之过

一个孩子负不负责任，从他平时的表现就能看出来。

假期就要结束了，但孩子作业还没写，父母多次提醒孩子也不着急，看完电视玩游戏，就是没有做作业的打算。

孩子的房间一片狼藉，用过的东西随便扔，脏衣服堆满墙角。人走了，但房间的灯和空调还开着，洗完手也不关水龙头。

以上两个场景中的孩子都是缺乏责任心的，这也是父母没有培养孩子责任心的结果。孩子生下来就是一张白纸，如果父母没有进行责任教育，没有让孩子负起责任，孩子怎么可能有责任心呢？

有的父母会包揽孩子的一切事务，包办孩子的饮食起居，督促孩子学习，替孩子做决定、做选择，替孩子承担责任。这不是爱孩子的表现，而是害孩子。承担责任是健全人格的重要组成部分，责任心可以激发人的内在能量，是非常值得拥有的。但是很多父母却把培养孩子责任心的机会白白放弃了，这对孩子来说是莫大的损失。

家长替孩子承担责任，对孩子造成的负面影响是多方面的。首先，会让孩子的惰性滋长，让孩子更依赖父母。长此以往，孩子的责任心会消失殆尽，他们会拒绝为任何人、任何事负责，并成为一个推卸责任的高手。无论出现什么问题，孩子都会心安理得地把责任推给其他人，并理直气壮地为自己找借口。

其次，父母代替孩子承担责任，会让孩子产生"寄生虫思维"，这种思维的可怕之处在于，孩子会认为父母应该伺候我，把我的一切安排好，我的困难也应该有人帮忙解决。而且，有"寄生虫思维"的人不会替别人着想，他们的心中只有自己，认为周围的一切都要围着自己转。一旦别人不照顾他了，他就会认为别人伤害了他。

再次，没有责任心的孩子，无论做什么都十分消极被动，他们习惯于拖延和等待。如果没有父母、老师和领导的督促，他们是无法完成任何一件事的。这样的人，很难取得领导的信任，事业上也不会取得多大的成就。

责任和自由是相关联的，不负责任的人会为了逃避责任，把自己的命运交给别人来掌控，逃避责任就会失去自由。而愿意负起责任的人，就能够掌控自己的命运，获得自由。

为了让孩子成为一个更好的人，父母一定要培养孩子的责任心。

二、如何培养孩子的责任心

既然责任心是如此重要，那么，父母应该怎样培养孩子的责任心呢？我认为应该做到以下几点。

培养孩子责任心的注意事项

1. 让孩子学会自主选择

选择意味着自由，同时也意味着责任和义务。如果父母代替孩子做选择，孩子只会被动接受，认为这是父母强加给自己的，所以自己也不用为选择承担责任。既然是父母选择的，那么出了问题找父母就好了。

如果让孩子自己选择，情况就完全不同了，他们会为自己的选择负责，也会为达到目标而努力，因为这是他们自己愿意做的事情。

小航要买一个飞机模型，妈妈认为这个模型太贵了，已经超过了自家的消费水平，但她没有直接拒绝小航，而是给他提供了一个选择的机会。妈妈说："这个模型的确非常精美，但是它太贵了，旁边的这个模型虽然差一些，倒也很不错，而且要便宜得多。如果你选择贵的模型，就要等一段时间，妈妈发了工资再给你买，而且你下个月的零用钱也要缩减。如果你选择便宜的模型，现在就可以买。"

小航考虑再三后，还是决定买贵的模型，并且心甘情愿地减少了自己的零用钱。为了买到模型，小航承担了责任，也付出了代价，他不仅得到了心爱的模型，也学会了承担责任。

有些父母意识到应该培养孩子责任心时，孩子的年龄已经比较大了，这个时候再让孩子选择承担责任，实施起来会比较困难，孩子会感到难以抉择。有的孩子还会反抗、不配合，但是只要家长有耐心，不动摇，坚持与孩子磨合，就能让孩子慢慢学会做选择，并为自己的选择承担责任。

2. 让孩子勇敢承担后果

父母应该从孩子懂事起，就让他明白每个人都要负起应有的责任，并为自己的行为承担后果。

媛媛喜欢赖床，爸爸为了解决这个问题，给她买了一个闹钟，让媛媛自己起床，爸爸妈妈不会专门叫她起床。如果起晚了，就只能自己承担后果。

有一次，媛媛又赖床了，闹钟响了以后她还继续睡，结果就起晚了。于是，当天早上媛媛没洗脸、没刷牙、没吃早饭，拼命赶到学校还是迟到了。最后，媛媛不仅被老师罚站，还从早上饿到了中午。

经过这次的教训，媛媛再也不敢赖床了，为了克服赖床的习惯，她给自己定了两遍闹钟，以保证自己能按时起床。看，孩子受到教训后，不仅会下定决心改正错误，还自己想出了办法。所以，让孩子承担后果，可以促进他们的成长。

如果媛媛的父母心疼孩子，怕她饿肚子，把早餐送到学校；怕她被批评，找老师解释，把责任揽在自己身上，那么，媛媛赖床的毛病恐怕很难改掉了，因为父母替她承担了赖床的后果。

每个人都有依赖性和惰性，如果每次都有人替我们承担后果，那么谁也不愿意负责任。可是，我们都知道没有这样一个人，所以我们学会了为自己负责。这个道理放在孩子身上也一样，父母放手让孩子承担后果，孩子就会学着负起责任。

3. 不随意帮孩子解决困难

困难是生活对我们的历练，战胜困难的人才能够成长。因此，父母不应该随意帮孩子解决困难，而是要让孩子体验困难，在困难中得到磨炼。

困难是孩子磨炼自己的好机会，如果父母替孩子解决了，孩子就失去了锻炼意志力、培养责任心的宝贵机会。失去这样的机会，孩子就无法成长了。只有经历过困难、克服过困难的人才能做生活的强者。父母如果真的爱孩子，对孩子负责，就不要随意为孩子解决困难。

4. 不要被孩子的负面情绪所支配

承担责任的另一面就是承受痛苦，在孩子稚嫩的肩膀上放上责任，对孩子来说有些沉重，而且孩子必然会经过一个较为痛苦的过程。父母要做好充分的思想准备，和孩子一起度过培养责任心的阵痛期。

在这个阵痛期中，孩子难免会有一些负面情绪，比如愤怒、委屈、沮丧等，但这都是正常的。在这段适应期里，父母应该接受孩子的情绪，并对孩子表示理解。此外，父母要允许孩子宣泄负面情绪，因为这样能让孩子尽快地从负面情绪中走出来。

父母要做的是疏导孩子的情绪，而不是被孩子的负面情绪所支配。有的父母受不了孩子的负面情绪，恨不得让孩子马上"阴转晴"，这样的父母恰恰最容易被孩子的情绪所支配。孩子愤怒时，他们比孩子还愤怒；孩子焦虑时，他们比孩子更焦虑。如果父母先乱了方寸，孩子的情绪也会变得一团糟，所以，父母一定不要被孩子的情绪所支配。

孩子责任心的培养，关键在父母，如果父母想让孩子成长为一个有责任、有担当的人，就要从小培养，从一点一滴做起。父母在培养孩子责任心的过程中要做到目标清晰、态度坚定，还要运用科学的方法。

梁启超曾说过："人生须知负责任的苦处，才能知道尽责任的乐趣。"责任，会让孩子的人生更加饱满和丰富。

过而改之，善莫大焉

在本节开头，我想请大家思考这样一个问题：孩子犯错后，父母应该怎样处理呢？

有的父母认为，孩子犯错后应该严厉惩罚，只有这样孩子才能长记性，不再犯同样的错误。还有的父母认为，孩子犯错后要及时批评教育，以免孩子忘记。事实上，无论采取什么样的教育方法，最终目的都是让孩子改正错误、吸取教训。

在我看来，孩子犯错一点儿也不可怕，可怕的是如果父母的教育方式出了问题，会让孩子犯的小错误变成大问题。

我曾经在一本书上看到过这样一个小故事：一个3岁的孩子每次吃饭时都喜欢玩碗筷，要么拿着勺子使劲敲碗，要么把碗筷扔到地上，每次玩碗筷时，这个孩子都开心得哈哈大笑。可是他的这种行为让父母十分恼火。于是，孩子的爸爸便准备了一个丑陋的娃娃，只要孩子开始玩碗筷，爸爸就把那个娃娃拿出来吓唬孩子。结果和父亲预期的一样，孩子不玩碗筷了，可是孩子一坐到餐桌前，一看到碗筷就会害怕得大哭。

这位父亲的初衷是帮助孩子建立条件反射，让孩子变得听话，可是情况却变得更糟。孩子不仅一看到碗筷就害怕，而且变得越来越胆小和沉默。这位父亲用错误的教育方法把孩子犯的小"错误"变成了大问题。

深究这位父亲的心理，我们不难发现，之所以采取这么极端的方式帮孩子纠正"错误"，就是因为他不允许孩子犯任何错误。其实，孩子年龄还小，玩碗筷只是出于好奇，父母稍加引导就能让孩子意识到吃饭时不应该玩碗筷。但父亲认为孩子的行为不正常，不符合他的期许，所以他必须用极端的方法去纠正。

事实上，和这位父亲一样的父母不在少数，他们看似是在纠正孩子的行为，但实际上却是在扼杀孩子的天性，剥夺孩子探索的权利，损害孩子的自我意识。而且，不正确的、极端的教育方式会严重破坏亲子关系，让孩子和父母的关系恶化。

那么，孩子犯了错父母该不该批评呢？答案显然是肯定的，孩子犯了错，批评是必须的。但父母批评孩子要讲究技巧和方法，让孩子在父母的批评中反思自己的行为，意识到自己的错误，并改正错误。

俗话说"知错能改，善莫大焉"，如果父母想教育出知错能改的孩子，就要用合理的方法来批评和教育孩子。下面有几种方法，可以为父母们提供一些参考。

一、用幽默的方式让孩子认识到错误

当孩子犯错时，很多父母喜欢吹胡子瞪眼，为的是让孩子被震慑住。但是，俗话说"有理不在声高"，如果我们能有技巧地让孩子意识到自己的错误，用道理来撼动孩子的心，那么我们不需要大吼大叫，也能起到教育孩子的作用。

幽默的批评方式既能让孩子心平气和地接受批评，也能让孩子意识到自己的错误，并改正错误。把严肃的道理用幽默风趣的方式表达出来，比直接说出来更容易让孩子接受。

幽默能让孩子看到父母的另一面，让孩子知道父母也是很有趣的人。幽默的批评比较含蓄委婉，不伤孩子颜面，也能让亲子关系更加融洽。

而且，孩子在哈哈大笑之后，会主动领会父母话中的道理，理解父母的苦心，并主动改正自己的错误。比起狂风骤雨般的呵斥和打骂，幽默的批评方式是更有效的。

二、批评孩子时，尽量别动手

有些父母在气头上时，会控制不住自己脾气，对孩子非打即骂，或者用手指戳孩子、推搡孩子。还有一种做法比动手更严重，那就是用嫌弃的眼神看着孩子。父母的眼神和动作会对孩子造成很大的伤害。

孩子虽然年纪小，但他们的感情却十分敏感而细腻，从父母的打骂和眼神中，他们会感受到父母对自己的嫌弃和鄙视。所以，家长应该控制自己的情绪，不要让自己在气头上做出不理智的言行。

我们的目的是教育孩子，帮助孩子改正错误，而不是与孩子结仇，所以我们在批评孩子的时候千万不要过度。面对孩子的小错误，父母不应该揪住不放，在批评孩子的同时也要原谅孩子、理解孩子。

三、不给孩子贴标签

父母在批评孩子时，不应该给孩子贴标签，孩子犯错只是一时的，不要因一个小错误就给孩子定性。"笨蛋""蠢货""傻瓜""废物"等都属于标签，如果父母给孩子贴上了这些标签，孩子就会觉得自己就是这样的人。一旦标签深入了孩子的心灵，他们就不会再努力改变自己了。

在现实生活中，很多父母都会犯"贴标签"的错误，很多父母都会给孩子贴上各种各样的标签，比如"自私自利""胆小如鼠""不孝顺"等。有的孩子只是因为有一次不愿分享自己的玩具，就被父母贴上了"自私自利"的标签。但父母却没有意识到这个标签对孩子的伤害，"自私自利"几乎是对一个人人格的否定，怎么能用在一个只有几岁的孩子身上呢？要知道孩子的未来很长，他们的性格和品行都有很强的可塑性，一时的小错误并不能说明问题。

孩子的心灵十分稚嫩，如果父母早早地给他们贴上了标签，他们自己也会在心里给自己下定论，全面地否定自己。可是孩子的成长过程有无限的可能性，父母应该按实际情况教育孩子，千万不要以偏概全。

每个人都会犯错，更何况是孩子，父母与其百般忌讳孩子犯错，倒不如学习一下如何正确地批评和教育孩子，让孩子意识到自己的错误，并主动改正。

跌倒了没关系，爬起来就好

许多父母都反映，自己的孩子非常在意输赢得失，比赛、考试甚至是和小伙伴一起玩游戏都不能输。输了要么苦恼、情绪低迷，要么就耍赖、不愿服输。这种只想赢不想输的心态，让孩子在遇到挑战和困难的时候，直接选择放弃，连尝试一下都不愿意。这一切，其实都是孩子抗挫能力差的典型表现。

抗挫能力又叫逆商，它是美国著名教育大师保罗·斯托茨提出的，指的是人能够在失败和挫折中一次次重新站起来的能力。

孩子在成长的过程中，会不可避免地遭遇挫折，而能够忍受并消除挫折，保持完整的人格和心理平衡，这是孩子心理健康的重要标志。相比孩子，成年人的抗挫能力通常较强，这是因为，随着年纪的增大，人的抗挫能力也增强。而孩子的人生经历较少，所以抗挫能力一般较弱，有些孩子甚至遭遇一点儿打击就会一蹶不振、遇到一点儿困难就会往后退缩等。

为了让孩子的身心能够健康发展，父母一定要培养孩子的抗挫能力。

不可否认的是，如今在教养孩子的过程中，几乎所有的父母都想把自己所拥有的最好的东西给孩子，这是父母爱孩子的本能。

然而，作为父母，我们所能带给孩子的最好的东西，其实并不是"给他一片真空，保他一世无忧"。因为从理性的角度来说，人生是无常的，在成长的过程中，所有的孩子都不可避免地会遭遇挫折和失败，而这个时候，孩子如何应对挫折和失败就显得尤为重要，这将决定他们未来的路究竟可以走多远、多久。

正所谓"授人以鱼不如授人以渔"，所以，"父母之爱子，则为其计深远"。与其拼尽全力让孩子有一段"确保赢"的成长，不如培养孩子一种"输得起"的品质，换言之，就是要从小培养孩子的抗挫能力。

心理学家告诉我们，人要想真正获得成功，通常需要具备三方面的能力：一是高智商、二是高情商、三是高逆商。

然而，在现实生活中，许多父母都已经意识到了前两个能力的重要性，也十分重视对孩子这两方面能力的培养，比如，现在社会上开设了越来越多的培养孩子情商、开发孩子智力的培训机构就很好地说明了这一点。然而，对于抗挫能力，父母却普遍不够重视，这也从另一个层面说明了如今培养孩子抗挫能力的迫切性。

一、孩子抗挫能力差的原因

在前文中，我们已经强调了培养孩子抗挫能力的重要性，问题是，父母们究竟应该怎么做呢？正所谓"知己知彼，百战百胜"，在详细地阐释培养孩子抗挫能力的方法之前，我们不妨先来了解一下导致孩子抗挫能力差的具体原因。

归纳起来，在现实的生活中，导致孩子抗挫能力差的原因主要有以下几点。

1. 家长一味地想让孩子出人头地

一些父母总想让自己的孩子出人头地，不愿意看到孩子失败，在与孩子一起玩游戏，或者做一些竞赛性的活动时，总是有意让着他们，这样容易让孩子产生只能赢不能输的想法，对日后的成长会产生不利的影响。

2. 家长过度溺爱孩子

现在很多孩子都是独生子女，被父母视为掌上明珠，而很多老人更是对孙子辈的孩子过分宠爱，做什么事情都依着孩子，时间长了难免会让孩子产生以自我为中心的心理，在这种环境中成长起来的孩子根本受不了一丝一毫的委屈，只要有一点儿不顺心就会大哭大闹。

3. 家长对孩子夸奖过度

适当夸奖孩子，采取赏识的态度教育孩子可以让他们更有自信心，但若赏识过度，反而会弄巧成拙，让孩子产生自负的心理，一且遇到挫折，就很容易会抑郁，并且变得自卑。

4. 家长为孩子找借口

一些父母在看到孩子不小心摔倒的时候会马上上前去拍打地面，一边拍一边说："都是地面不好，地面不平，让我的宝宝摔倒了，来，打它。"家长这样的举动是将孩子摔倒的责任推到地面身上，久而久之孩子会养成遇到问题设法推卸责任、找借口的坏习惯。

5. 家长包办孩子的生活

一般情况下，孩子在一岁到两岁的时候会自己抢着吃饭，还有些孩子会试着自己穿衣服和鞋袜，甚至会像模像样地叠衣服或收拾玩具等。这个时期的孩子对自己动手做事情非常敏感，但很多家长因为心疼孩子而一味地包办孩子的生活，自己把一切都打点好。其实真正聪明的家长会主动配合孩子，让孩子自己学着做事情。

只有找准了"病因"，才能更加有的放矢地进行"治疗"。如果在现实生活中，父母发现孩子也存在抗挫能力差的问题，那么就不妨对着以上列出的原因认真进行自查，弄清楚导致孩子抗挫能力差的具体原因。

二、如何培养孩子的抗挫能力

我认为，孩子抗挫能力差跟父母有脱不开的关系，那么，作为父母，我们又该如何来帮助孩子培养抗挫能力呢？以下几点建议，值得参考。

1. 不将父母的目标强加在孩子身上

从外在表现来看，学习是培养抗挫能力的途径。

让孩子在解决问题的过程中学习抗挫能力，这一点又可以体现在四个方面，分别是目标、态度、知识和技能。有了良好的态度，孩子可以依靠不断学习掌握一定的知识，最后学会解决问题的技能，从而达到自己的目标。

目标的实现包含三点，第一是自己设立的目标，第二是可以控制的目标，第三是具体可操作实现的目标。一旦脱离这三点，所谓的目标就不能给孩子带来动力。若一个目标来自父母而非孩子自己，那么他们在实际努力的过程中就会缺乏动力，更谈不上培养抗挫能力了。不仅如此，当孩子未能完成父母给自己定下的目标时，常常会受到父母的谴责，这样亲子关系就会越来越差，孩子也会变得越来越叛逆，不愿意再继续努力。

所以，家长的目标必须与孩子的目标一致，要在帮助孩子减轻痛苦的前提下逐渐实现所拟定的目标。

2. 对孩子要有耐心，让他们学会独立

现在有些孩子在上寄宿学校，对于孩子来说，初到一个陌生的环境，第一个星期是非常难熬的，这一点在初一或高一的孩子身上表现尤为突出，一些孩子甚至晚上根本无法入眠，出现不适应现象。

突然与父母分离的孩子就像断奶一样，要经历一段痛苦的时期，此时父母一定要沉住气，不要焦躁，相信孩子，多鼓励他们。除此之外，当孩子回家后，父母最好不要陪孩子睡觉，也不要再帮

他们做任何生活上的琐事，让他们学会独立，因为独立是培养孩子抗挫能力的重要条件。

3. 学会支持孩子，不要一味地指责

父母要成为孩子坚强的后盾，当孩子遇到困难和挫折时，父母要及时给予他们鼓励和支持，通过开导让孩子排除不安的心理，用积极乐观的态度面对困难。

当然，所谓的支持并不意味着一手包办，一些父母在孩子遇到问题的时候总是挺身而出为孩子出谋划策，而且孩子若不按照父母的想法去做就会受到严厉的斥责，这样一来孩子非但不能振作起来，反而会更加依赖父母，抗挫能力根本不会有所提高。

4. 允许孩子发泄情绪

当孩子总是搭不好积木，急得号啕大哭时，作为父母，你会怎么做呢？是会耐心地告诉孩子："没关系的，要是搭不好咱们就不搭了。"还是不耐烦地指责孩子："哭什么哭，这点小事都做不了，就知道哭，将来你能干什么啊？"

其实在现实生活中我们常常会遇到挫折，此时进行情绪宣泄并没有多大的坏处，当孩子哭闹的时候父母最先做的事情应是帮助孩子了解自己所处的情绪状态，并允许孩子进行发泄，可以说："妈妈看得出来你非常生气，想哭就哭吧，来，妈妈抱着你。"与此同时，对于孩子做出的一些不合理行为也要进行适当的制止，比如："妈妈知道你不开心，可是不管多么不开心都不能随便打人呀，来，让妈妈抱抱你。"

当孩子平静下来之后可以告诉孩子："好啦，我们一起来看看，到底是什么地方出了错，妈妈跟你一起来解决怎么样？"让孩子知道一次小小的错误不要紧，只要肯坚持就一定会成功的，但在困难面前低头就永远也不能达到自己的目的了。

综上，父母一定要信任孩子，每个孩子都是特殊的个体，需要父母去认真呵护和珍惜，陪伴他们走过成长之路，父母要帮助孩子成就他们的梦想，切勿一味地指责孩子，而要用爱和包容、鼓励和信任去培养孩子的抗挫能力。

预防"啃老族"，从小做起

养儿防老是中国人根深蒂固的观念，但是"啃老族"的出现却让人们重新思考父母与子女之间的责任和义务。按照今天的观念来看，父母养育孩子并不仅仅是为了养老，而孩子也不应该把父母的付出看作天经地义。

造成"啃老族"现象的原因是多方面的，但其中大部分成因要归咎于家庭教育的失败。我认为，很多父母在承受"啃老"之苦的同时，应该反思自己的教育和家风。

一、"啃老族"是谁之过

我曾经遇到过一个学员，他就是个典型的"啃老族"，为了摆脱这种困境他才找了我，希望我能帮助他。在咨询的过程中，小赵讲述了自己的故事。

21岁那年，小赵大学毕业了，他不甘心留在家乡，便和同学们一起去了上海，想在那片广阔的天地里一展拳脚。可是到了上海以后，小赵才发现现实与理想的差距有多大，普通的本科学历让小赵很难找到理想的工作。于是，小赵萌生了考研的想法，他的想法也得到了父母的支持。父母不仅为小赵准备了考研补习班的费用，还把每个月的生活费按时打到小赵的卡里。从此，小赵便开始了无忧无虑的考研生活。

复习了几个月，小赵信心满满地参加了考试，但遗憾的是他并没有考上。考研失败让小赵错过了应届招聘的机会，成了一名失业者。后来，小赵尝试着去一些公司应聘，但是大公司嫌他学历低，没有工作经验，不少小公司倒是愿意要他，但他又嫌弃人家待遇低。就这样，小赵成了一个"沪漂族"。

可是，上海是经济发达的大城市，生活成本很高，而小赵又没有收入来源，无奈只好开口找父母要钱。一开始，他只是要基本的生活费，后来越要越多，在惰性的驱使下，小赵渐渐放弃了找工作，每个月靠父母给的钱生活。

小赵的父母得知他的情况后十分担心，多次劝说小赵去找工作，但小赵还是坚持伸手找家里要钱。父母痛定思痛后，决定不再给小赵生活费。没有了父母的支持和纵容，小赵反而醒悟了，开始想办法找工作赚钱。在我的建议下，他决定从基层销售员做起，让自己尽快独立起来。

如果说小赵的故事令人欣慰，那么我听过的另一个故事就只剩心酸和唏嘘了。

小林出身于一个知识分子家庭，他的父母都是教授，都有不菲的退休金。按理说，小林父母的晚年生活应该是轻松愉快的，可是他们的儿子小林却成了老两口的一块心病。

小林已经26岁了，但却游手好闲，没有一份正经工作。原本父母托人给他找过几份工作，可他始终不满意，于是索性在家"啃老"。小林虽然自己一分钱不赚，但每个月都霸占父母的退休金，用于吃喝玩乐。有一次，小林的父亲实在看不下去了，就狠狠训斥了小林一顿，令人意想不到的是，小林竟然动手打了父亲。这件事让小林父母伤透了心，但却拿小林没有办法。

在我看来，小林完全有养活自己的能力，但他却选择了逃避，逃避自己应该承担的生存义务和养老义务。

家庭中的每个人既有责任也有义务，但是家庭教育的失败，让很多孩子都只懂得接受别人的付出，不懂得承担自己的责任。孩子的责任感和勤劳、孝顺的品质应该由父母和祖辈来灌输和熏陶。但很多孩子从小备受宠爱，事事由家长包办，处处有家长呵护，这样的教育只会让孩子养成依赖、不独立、没有责任感的性格。这样的孩子走上社会以后，是经不起一点儿挫折的，一旦遇到困难，他们就会退回到父母的庇护下。当孩子选择逃避时，有的父母没有采取正确的应对方法，他们不仅没有鼓励孩子战胜困难，反而袒护孩子、心疼孩子。

父母终有一天会老去，如果那时孩子仍然无法独立，父母又该如何呢？父母和祖辈围着孩子转，为孩子做牛做马，不培养孩子独立的能力，最终只能收获苦果，让孩子成为"啃老族"。

二、给孩子灌输独立意识

父母们要有一个意识：如果不想让孩子一辈子都做"啃老族"，就要从小培养孩子的独立精神和生活技能。最重要的是，要让孩子在心理上做好担责任和尽义务的准备。那么，父母和祖辈们应该怎样做呢？罗森塔尔实验可以给我们一些启示。

美国心理学家罗森塔尔在一所学校里做了一个实验，他给学校里的学生进行智力测验后，告诉老师们有些学生非常有天赋，并把这些学生的名字告诉老师们。

自从罗森塔尔宣布了有天赋的学生的名单后，他就再也没和这些学生有过接触。事实上，有天赋者的名单是罗森塔尔随机挑选出来的，他们与其他学生并没有什么不同。可是这些学生的成绩却变得越来越优异。

这是怎样造成的呢？原来，老师们虽然没有提那份名单，但却对那些"有天赋"的孩子进行了特别的关爱。而这些孩子也在老师的暗示下，相信自己一定能成功。

父母们也可以借鉴罗森塔尔的方法，在生活中不断对孩子施加积极的暗示，告诉孩子："你可以做好自己的事，你可以独立解决各种问题，你可以照顾好自己，并承担起照顾父母和家人的责任。"当孩子有了独立和责任的观念，他们就会以"啃老"为耻。

三、抓住孩子想独立的时机

当孩子进入青春期以后，就会有想要独立的愿望，如果父母们能抓住这个时机，让孩子知道自己是可以独立的，帮孩子找到保持独立的方法，那么孩子就会很快成熟起来。如果家长没能抓住这个机会，孩子的独立之路就会受到阻碍，导致孩子难以离开父母的保护，为以后埋下"啃老"的种子。

那么，我们应该怎样抓住孩子想独立的时机呢？我将通过一个真实的案例来告诉大家。

小田是一个高中生，但他产生了厌学情绪，如果不是父母要求他必须读书，他说不定会选择退学，然后离家打工。在纠结了很久之后，小田把自己内心的想法告诉了妈妈，说完之后他等待着妈妈的回答，但出人意料的是，妈妈并没有批评他。

小田的妈妈知道，儿子有这想法是因为他想独立，想证明自己。于是，她对小田说："你的想法很好，说明你的思想已经开始独立了，这证明你长大了。可是，你目前真的有独立的能力吗？简单来说，假设你退学了，你准备怎样规划自己的人生呢？更直白地说，你要怎样养活自己呢？"

小田不由自主地思考起了妈妈提出的问题，他认为自己有跆拳道特长，可以当一名跆拳道教练。但是，妈妈告诉他："当一个教练并没有那么简单，除了会跆拳道以外，还要懂得人体结构和运动机制，而这些都是系统的学问，你还有很大的欠缺。"

妈妈接着说："我不反对你退学，如果你像那些辍学创业的大学生一样，能够独立规划自己的职业选择、事业发展、生活方式等，并能够拿出切实可行的方案，那么我不仅不会反对你退学，还会支持你。但是，如果你没有考虑过这些问题，只是单纯地因为不想学习而退学，那你就应该好好考虑一下，自己以后要做什么，有什么梦想去实现，要怎样实现。我相信，只要想清楚了这些，你就能重新找到继续学习的动力。

"而且，我必须告诉你一个事实，普通人的生活状态与受教育程度是成正比的，你的职业、婚姻、财产状况都和受教育程度息息相关。你已经长大了，有自己的思想了，可以从现在开始思考自己的人生了：你将来想怎样活着，要靠什么在社会上生存和立足？要知道父母是不可能一辈子养着你的。"小田妈妈把所有的问题都摊开在儿子的面前，让儿子仔细思考她说的话。

妈妈的一席话让小田找到了努力的方向，后来，小田顺利考上了大学。不得不说，小田妈妈是一位充满智慧的家长，如果所有的父母和祖父母都能像她一样懂得把握时机，在孩子产生"独立冲动"的时候给予正确的引导，那么孩子就会认真地思考自己的人生，并找到自己的道路，快速地成长起来。这样一来，父母和祖辈就不用担心孩子"啃老"了，因为，孩子已经完全具备了为自己负责的能力。

学富五车，成为高贵的人

孩子不爱学习是很多父母的一块心病，为了让孩子爱上学习，他们想尽了各种办法，或是用玩具、零花钱、礼物等"利诱"孩子，或是用打骂、呵斥、恐吓等手段"威逼"孩子，可是办法用尽了，孩子还是没能爱上学习。

我认为，父母在采取各种方法逼孩子学习之前，应该先找出孩子不爱学习的原因。

一、孩子不爱学习的原因

我认为，以下几大因素是孩子学习积极性不高的核心原因。

1. 目标不明确

很多孩子学习没有动力，就是因为他们没有明确的目标。如果孩子不知道自己为什么要学习，对自己的未来也很迷茫，没有一个明确的目标，那么孩子就不会付诸行动。所以，父母要帮助孩子找到自己的目标，有了目标才能制订计划并付诸行动。目标可以是大目标，比如以后要考哪所大学，也可以是小目标，比如期中考试要进步。有了目标，孩子就有了努力的方向，他们学习的主动性就会大大提升。

2. 孩子对自己没信心

有的孩子学习意愿不强，是因为对自己没信心。他们认为自己不是学习的料，而且由于基础不好，他们经常在学习上碰壁，久而久之，孩子就失去了学习的动力。

我们都听过马戏团小象的故事，那只小象从小就被一条细铁链拴着，它曾经尝试过挣脱，可是年幼的小象力气太小，挣脱不了铁链。在一次次的尝试中，小象渐渐失去了信心，它认为自己是不可能挣脱铁链的。就这样，当小象长大了，已经可以轻而易举地扯断铁链时，它也不会逃走，因为它觉得自己无法战胜那条细细的铁链。

很多孩子都像故事中的小象，认为自己就是学不好，这些孩子给自己画了一个圈，让自己局限在这个圈子中，却不愿意全力以赴地尝试一次。

3. 孩子体会不到学习的乐趣

如果孩子体会不到学习的乐趣，就会出现学习动力不足的表现。有的孩子学习甚至很"刻苦"，每天花大量时间学习，但是他们只是为了完成任务，毫不走心，学习效率也很低。

孩子之所以体会不到学习的乐趣，是因为他们没能从学习中获得成就感，没有掌握正确、高效的学习方法，学习对孩子来说是一种痛苦和负担。

4. 父母没有及时肯定孩子

孩子不爱学习的第四个原因是父母没有及时肯定孩子。孩子的心智不够成熟，他们还不能意识到学习是为了自己。因此，孩子需要父母的肯定和鼓励，他们需要从父母那里汲取学习和努力的动力。所以，当孩子在学习上取得一些成绩时，父母一定要及时给予肯定和认可。

如果孩子不爱学习，父母要先找到根源，才能对症下药解决孩子不爱学习的问题。

二、怎样让孩子爱上学习

父母要怎么做才能让孩子爱上学习呢？我有以下几点建议。

1	2	3	4	5	6
让孩子设立自己的目标	在家庭中营造学习氛围	列规矩讲原则，给予正面激励	积极与老师沟通，了解孩子的学习状态	培养孩子的专注力	帮孩子树立信心和勇气

让孩子爱上学习的方法

1. 让孩子设立自己的目标

前面我们提到了，要让孩子设定学习目标，有目标才有动力。

不过，父母们应该记住：目标是孩子的，不是你的。

很多家长总是希望把孩子培养成自己理想的样子，他们把自己未完成的梦想强加给孩子，让孩子来替他们实现梦想。这种想法是完全错误的。父母应该尊重孩子自己的想法，让孩子拥有自己的目标，并启发孩子思考实现目标的途径。

目标可以分为两种，一种是大目标，也可以称为长期目标，另一种是小目标，也叫短期目标。父母可以帮助孩子把大目标分解成一个一个的小目标，让孩子可以像上阶梯一样达成他们的目标。

家长可以通过询问和谈心的方式来了解孩子的目标，并帮助孩子分析实现目标需要做出哪些努力。

孩子有了目标，就有了方向，也知道了自己的力气应该往哪处使，在学习上孩子会更有动力。

2. 在家庭中营造学习氛围

有的父母在监督孩子写作业时，喜欢坐在一旁玩手机，这其实是一种很不好的行为。父母应该主动在家庭中为孩子营造学习的氛围。比如，监督孩子写作业时放下手机，拿一本书边读书边监督孩子写作业。或者每天留出一定时间作为家庭读书时间，和孩子一起阅读。如果父母爱读书、爱学习，家中有浓厚的读书氛围，孩子也会受到这种氛围的感染。

3. 列规矩讲原则，给予正面激励

父母要给孩子定规矩，比如规定孩子放学回家后第一时间做作业，并定好完成作业的时间，如果孩子能按要求做到，父母可以给

他们一些时间，让他们做自己喜欢的事。

此外，父母还应该让孩子学会整理自己的书桌和书包，将书本整齐摆放，把书桌和书包整理得干净整洁。如果孩子能够整理好自己的书包和书桌，那么他们在学习上也会做到井井有条、不丢三落四。

4. 积极与老师沟通，了解孩子的学习状态

父母应该积极和老师沟通，了解孩子在学校的学习情况。父母多和老师沟通有三大好处，第一个好处是可以及时掌握孩子的动态，了解孩子的学习情况；第二个好处是可以与老师配合，共同帮助孩子搞好学习；第三个好处是可以让老师加深对孩子的了解，在教育孩子的时候更有针对性。总之，负责任的父母都不会忽略和老师的沟通，因为家庭教育和学校教育是相辅相成的。

5. 培养孩子的专注力

专注力是决定孩子学习效率的关键因素，如果孩子专注力强，他的学习效率就会很高，如果孩子的专注力弱，那么他的学习效率一定很低。所以，父母要培养孩子的专注力，比如让孩子保持书桌整洁，桌面上不摆放与学习无关的物品，以避免孩子养成边学边玩的坏习惯。孩子做作业和学习的时候，父母也不要打断，让孩子一气呵成。

6. 帮孩子树立信心和勇气

古人说"书山有路勤为径，学海无涯苦作舟"，这句话告诉我们学习不是一件轻松的事，孩子会在学习的过程中遇到各种困难和

挑战。父母要帮孩子树立信心和勇气，帮孩子克服畏难情绪，教孩子勇于面对困难。当孩子成绩不理想的时候，家长不要一味地责骂，而是要帮孩子分析原因，找到提高成绩的办法，让孩子在不断的进步中获得信心和勇气。

总而言之，如果孩子能养成良好的学习习惯，就能学得轻松、学得愉快，并在学习中获得乐趣。解决孩子的学习问题，父母要做的第一件事，就是帮孩子培养好的学习习惯，这需要父母和孩子共同行动起来，并持之以恒地坚持下去。

第6章

树家风：孩子的教养，源自父母的修养

孩子是家庭的一面镜子，我们可以从孩子身上看到父母的修养和品格，这是因为孩子的教养，源于父母的修养。父母是孩子的第一任老师，父母应该以身作则，用自己的一言一行为孩子树立好榜样。

良好的家风，离不开父母的以身作则

《孟子》云："刑于寡妻，至于兄弟，以御于家邦。"这句话的意思是只有以身作则，教育自己的妻子和兄弟，才能教育人民、治理国家。治家与治国的道理是一样的，只有自己以身作则才能教育好子女。想要让孩子养成良好的品行和习惯，父母就必须严格要求自己。

有人说："孩子是父母的影子。"的确，父母是孩子的第一任老师，也是孩子最好的榜样，父母的一言一行会在潜移默化中影响孩子。因此，父母在对孩子提出要求之前，首先要衡量一下自己是否能够做到。

一些家长在教育孩子时重"言传"轻"身教"，只是一味地要求孩子，却不能做到自律，这样的父母不是孩子的好榜样，也无法用自己的行动去感染孩子。无论是道德、思想还是行为，孩子都需要父母作为榜样，如果父母在家庭中不能带好头，又怎样营造家风、树立规矩呢？

有的父母整天让孩子认真学习、不准贪玩，但自己却沉迷于各种游戏和娱乐场所，甚至染上赌博、吸毒等恶习，试问这样的父母能教育出爱学习的孩子吗？还有一些父母要求孩子孝顺，但他们自己却经常呵斥老人；要求孩子讲文明礼貌，但自己却满口脏话、举止粗鲁，孩子看到这样的行为后自然会有样学样。我们很难想象，沉迷赌博、酗酒的父母能够教育出身心健康、品学兼优的孩子。

一、父母用言行说服孩子

小徐是一个小学三年级的孩子，他对老师说："我妈妈就知道让我好好学习，我好难过。"老师听了他的话很纳闷，就问："妈妈让你好好读书怎么不好呢？"

小徐说："妈妈天天说：'现在我让你住楼房，等你长大有出息了，要给我买别墅，妈妈供你读书不容易，你将来有本事了要赚钱给妈妈用，带妈妈到国外生活。'"小徐叹了一口气，接着说，"妈妈自己都不好好上班，经常请假在家玩，还老让我好好学习。如果妈妈自己认真工作，我会很佩服她，向她学习，可是她总是说大人的事我不懂，为什么她就不能想办法改变自己呢？"

老师这才明白，小徐之所以难过，是因为他觉得妈妈在向他索取，妈妈对他的好是有"代价"的。身为成年人，我们当然明白小徐的妈妈这么说，只是因为"望子成龙"的心情太过迫切。可是小徐年龄还小，不能真正理解妈妈的心情，在他看来，妈妈的想法是很功利的，而且伤害了他的感情。另外，小徐的妈妈并没有给孩子做出一个好榜样，她严格要求孩子，却对自己很放松，这在孩子看来也是不公平、不合理的。

小徐的话让老师很有感触，生活中这样的家长不在少数，他们的言行不一致，不仅会让孩子困惑不解，也不利于孩子养成好习惯。因为，孩子会通过观察父母的行为，了解到什么事应该做、什么事不应该做，并形成自己的行为准则。如果父母能在孩子的成长过程中以身作则，起到表率作用，那么孩子就能养成好习惯和好品质。因此，父母应该严格要求自己，为孩子做个好榜样。

有很多家长认为，孩子不应该质疑父母，只要听话照做就行了。殊不知，用权威压迫孩子只会让自己在孩子心目中的形象和威信一点点被磨灭，当父母的威信不在，孩子就很难发自内心地尊重父母，这对于亲子关系是非常不利的。而且，孩子小的时候父母还可以用权威压迫他，但当孩子进入青春期以后这招就不管用了，孩子要么剧烈反弹，要么疏远父母，这都是我们不想见到的结果。

所以，父母在尝试改变孩子、给孩子提要求的时候，应该先改变自己。用自己的一言一行影响孩子，给孩子做榜样。

二、父母用言行影响孩子

我之前参加过一场婚礼，印象尤为深刻，之所以让我觉得深刻，是源于婚礼现场的一个小男孩。那天的婚礼现场，高朋满座，气氛温馨融洽，参加婚礼的客人们都盛装出席、彬彬有礼。婚礼司仪开始介绍这对新人，所有的人都停止了谈话，认真地倾听着。

这时，有一个打扮非常可爱帅气的小男孩拿着一杯果汁在大厅跑来跑去，并且大声叫喊，声音之大已经高过了司仪的声音。司仪感到有些尴尬，他笑着对这个小男孩说："小朋友，你看起来很开心啊，今天叔叔阿姨结婚，你也为他们感到高兴吗？不过，我们先安静地听听叔叔和阿姨的故事，等会儿再为他们庆祝，好吗？"

小男孩听了司仪的话，很快回到了妈妈身边，大家以为他把司仪的话听进去了，可没过一会儿小男孩就又跑到了舞台边，踩爆了好几个气球，小男孩的举动让宾客们纷纷皱起眉头，新郎和新娘的脸色也有些不好看了。可是，小男孩的妈妈既没有阻拦也没有批评孩子，而是一边微笑地看着孩子，一边悠闲地喝着饮料。

玩得十分兴奋的小男孩抱起一个气球向妈妈跑去，可跑到一半就撞到了上菜的服务员，服务员躲闪不及，把手中的菜洒到了小男孩的身上，他"哇"地大哭起来，一边哭一边推打服务员说："你把我衣服弄脏了，赔我衣服！赔我衣服！"

小男孩的妈妈也冲到服务员身边大喊道："你没长眼睛啊！"服务员为了息事宁人，立刻向他们道歉了，并表示愿意赔偿干洗费。可是小男孩的妈妈不依不饶，并且要求酒店经理开除这名服务员。为了不影响婚礼正常举行，酒店经理百般道歉和求情，宾客们也纷纷劝说，这个小男孩的妈妈才勉强作罢。

看到了小男孩妈妈的行为和表现，我就不难理解为什么这个小男孩会如此无礼和骄横了，因为他妈妈也是如出一辙。不难想象，他平时是怎样"模仿"妈妈的一言一行的。善于模仿是孩子的天性，而父母又是他们身边最亲近的人，所以父母的一言一行，都是孩子模仿的对象，那些从父母身上学到的不良习惯，甚至会伴随他们一生。

所以，父母一定要注意自己在日常生活中的点滴言行，要做到正直、诚信、礼貌、宽容，孩子在这样的言传身教下，才会成为一个有教养、有品德的人。

很多父母都明白这个道理，也学习过很多相关理论，但是在实际生活中，他们却把教育理论抛到脑后，还是按自己习惯的老一套来对待孩子。要做到知行合一，并不是一件容易的事情，身为父母，我们要时刻修炼自己，在日常生活中改变自己，让自己成长，也带领孩子成长。做父母，是一门需要终身学习的功课，让我们从现在开始，为孩子改变，给孩子做好榜样！

父母都应该记住：好的家风，离不开父母的以身作则。

家风营造，从好好说话开始

孩子是父母的"镜子"，从一个孩子的举止行为就能大致了解他的父母是什么样的人。这个结论放在别人身上，我们会说："哎呀，真的是太准了。"可是放到自己身上就不置可否了。事实真的如此吗？我们先来看看下面这个故事。

邻居家的刚刚是个非常懂礼貌的孩子，邻居们常常夸刚刚，说刚刚听话、懂事，刚刚的妈妈也以儿子为自豪。可是，上个周末，妈妈带着刚刚回外婆家，刚刚在和妹妹玩耍时，妈妈听到刚刚对妹妹说："你怎么笨得像猪一样，我都说了这么多遍了，你怎么还是不会玩！"

妈妈很生气，对刚刚说："你怎么可以骂妹妹呢！"刚刚很委屈，对妈妈说："你也骂过我笨得像猪一样啊，为什么你可以骂人，我就不能呢？"妈妈突然想起来，前几天刚刚有个英语句子一直读不会，自己实在是不耐烦了，就骂了刚刚一句，没想到被刚刚记住了。这一下，她终于体会到了什么叫作"孩子就是父母的镜子"。

很多时候，我们都能在孩子身上看到自己的影子，有好的，有不好的。作为父母，当我们发现孩子行为出现偏差时，首先要反省自己，是不是哪里没有做到位，而不是劈头盖脸对孩子一顿骂。不管什么时候，我们都要时刻注意自己的言行举止，因为孩子的目光始终注视着你。

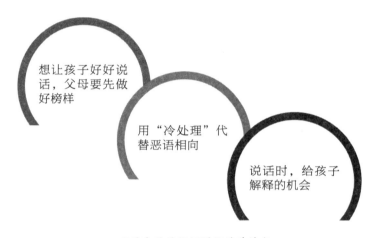

想让孩子好好说话，父母要先做好榜样

用"冷处理"代替恶语相向

说话时，给孩子解释的机会

父母和孩子好好说话的关键点

一、想让孩子好好说话，父母要先做好榜样

孩子一直在默默地关注着自己的父母，不管父母说什么、做什么，都会对孩子产生一定的影响。因为单纯的孩子对这个复杂的世界是一无所知的，在他们的潜意识里，父母的行为都是正确的，因此就会模仿。

假如父母是爱打扮的人，那么孩子也一定会非常注重自己的仪容仪表；假如父母喜欢说人是非，孩子也会耳濡目染；假如父母行为粗鲁，孩子也会变得十分暴躁，这是家庭教育的规律。

很多父母都会有这样的想法："孩子还小，他们懂什么啊，我们大人讲话，他们能听得懂吗？等他们长大了再教育也不迟。"其实，这种想法是错误的，研究表明，孩子在胎儿时期就已经能对外界进行感知了，只是孩子小，语言表达能力还不够完整而已。

身为父母，我们一定要时刻提醒自己，要始终注意自己的言行，少给孩子造成负面的影响。

教育界有这样一句话："孩子的心是块奇怪的土地，播上思想的种子，就会获得行为的收获；播上行为的种子，就会获得习惯的收获；播上习惯的种子，就会获得品德的收获；播上品德的种子，就会获得命运的收获。"

可以这样说，孩子一生的命运和父母的言行关系十分紧密。父母开朗，孩子也会乐观；父母讲礼貌，孩子也会尊老爱幼；父母勤劳勇敢，孩子也会充满勇气；父母相亲相爱，孩子心里也会充满爱。因此，当父母发现孩子的言行很不恰当时，就应该警醒，自己哪里做得不到位了？

教育孩子时，父母难免有耐心耗尽的时候。但是，在亲子关系里，父母不仅有权利，还有责任。想要解决孩子和父母之间的矛盾，关键还在父母身上。孩子在受父母教育时，他们不会把父母的话当耳旁风，反而会记下父母说的每一句话。孩子的世界观还不成熟，难免会犯错误，假如犯错时，父母只会打骂而不引导，孩子永远不知道自己错在哪里，以后还会变本加厉地犯错。

在教育孩子时，父母一定要明确告诉孩子他们错在哪里，不要用粗鲁的话语教育孩子，人身攻击更要禁止。尤其是"你怎么总是这样！""你从来都不听我的话！"这样的话要少说，因为这样说并不能让孩子明白自己错在哪儿了，反而让孩子觉得自己做什么都是错的，会打击孩子的自信心。父母应该对孩子说："玩了玩具要洗手才能吃零食。"而不是："你怎么这么恶心啊，脏死了！"

父母是孩子的"镜子"，孩子时时刻刻都会把父母当作自己学习的对象，因此，当孩子犯错时，首先要保护好孩子的自尊心，然后对孩子进行引导，提出改正的意见，父母的言传身教对孩子来说有着举足轻重的作用。

想让孩子温柔说话，你得先做好榜样。孩子是父母的"镜子"，作为父母，我们要严格要求自己，才能给孩子塑造良好的榜样，为孩子美好的未来奠定良好的基础。让我们努力做完美的父母，优秀一点儿，再优秀一点儿，我们的"缩影"才能变得更美好。

二、用"冷处理"代替恶语相向

钉钉的爸爸下班回到家后，发现自己放在书房里的一部新手机不见了，他找了半天，最终才从卧室的床底下找到手机。可是他发现，手机屏幕上有一条细细的裂缝。

此时，他注意到坐在写字台前心神不定的儿子，并很快把真相猜出个八九不离十。

钉钉爸爸把儿子叫过来问："爸爸的手机屏幕是你弄坏的吗？"

钉钉虽然心虚，但还是不敢承认，战战兢兢地说："我不知道。"

爸爸说："是你也没关系，爸爸不说你，只是想知道是谁弄坏的。"

钉钉低下头说："是我弄坏的，我想玩玩手机，可是没拿好，手机掉地上了……"

钉钉爸爸说："承认了就是好孩子，屏幕弄坏了没关系，我们还可以修好，但是你应该告诉爸爸妈妈。你今天把手机屏幕弄坏了没什么事，但是如果你哪天把水管弄坏了，流了很多水，怎么办？如果你点了火，家里有东西着了，怎么办？所以，犯了错误首先要告诉爸爸妈妈，爸爸妈妈会帮助你。"

钉钉爸爸没有责罚孩子，而是循循善诱地引导孩子承认错误，并让钉钉意识到，犯了错不告诉父母的危害。

然而，现实中并不是所有父母都能像钉钉爸爸这样。有的父母对孩子异常严厉，容不得孩子犯一丁点儿错误，每当发现孩子哪些地方做得不对，甚至不够好，就严厉斥责孩子。长此以往，会得到怎样的结果？

孩子一旦犯了错，很有可能会产生恐惧感，脑子里蹦出来的第一个念头就是："完了，爸妈知道了怎么办？"可能有一天，孩子闯下了天大的祸，父母却是最后一个知道的。父母们千万不要让这种悲剧发生。

另外，还有些父母由于受传统教育思想的影响，认为"严管出孝子"，要时时处处对孩子严厉一些。于是，他们不分青红皂白地对孩子所有的错误都严厉指责，甚至有些父母生气的时候口不择言，对孩子恶语相向，丝毫不顾及孩子幼小心灵的承受能力……其实，这种做法很容易扼杀掉孩子对生活和学习的自发性、主动性、积极性。

作为父母，尤其要注意的是，惩罚孩子时最不应该采用的方式就是对孩子挖苦、讽刺甚至谩骂。因为这些讽刺挖苦和恶语谩骂已超越了孩子的感情能够接受的范围，将会给孩子的自尊心带来很大伤害。

如果父母在责骂孩子的过程中无法控制自己的情绪和理智，口不择言，让"责"变成了"骂"，甚至为了骂而骂，这就背离了惩罚孩子的初衷，其结果只会适得其反，不但无法改正孩子的错误，反倒给孩子带来了另外的伤害。

可以用"冷处理"代替恶语相向。父母在惩罚孩子的过程中，一定要牢记不能恶语相向，要知道我们的目的是帮助孩子改正错误，绝不是为了图一时嘴巴痛快而去刺激孩子最敏感的自尊心。惩罚孩子要讲究方式，责备孩子同样也要讲究用语，注意了这些，才能具备合格父母所必须具备的素质和能力。

三、说话时，给孩子解释的机会

在大部分父母眼里，孩子由于年龄小，缺乏认知和判断能力，自己完全有理由替孩子决定一切，孩子也应该听父母的话。甚至有父母认为，孩子的解释和争辩，是对父母权威的藐视。

如果父母这样想，那就大错特错了。孩子虽小，但也是一个独立的个体，有自己的思想和意识。父母不能自私霸道地以"你是我养大的，你就要听我的""我是你父母，我有权利替你安排一切"这样的想法来抹杀孩子替自己辩解的权利和机会。

换个角度想，其实给予孩子辩解的权利和机会也是大有益处的，这不仅可以锻炼孩子的胆量与口才，还可以让孩子感受到民主与自由。长此以往，孩子就会变得自信、独立，双方之间的沟通也能建立在互相尊重的基础上，亲子关系也将得到改善。

就像德国心理学家安格利卡·法斯博士所说："隔代之间的争辩，对于下一代来说，是走上成人之路的重要一步。"在成长道路上，不管孩子犯了什么错，交谈时，给予孩子争辩的权利，听听孩子的内心想法和感受，都是十分必要的。唯有这样，才能避免一些误会，才能避免伤及孩子的自尊。

三年级暑假，朋友的孩子小德由于思念奶奶，便央求妈妈把奶奶接过来照顾自己一段时间。

奶奶来了之后，小德很是高兴，每天的笑容都多了不少。这天，小德和奶奶去附近的公园玩，看见地上有一只流浪猫，奶奶看着小猫觉得可怜，便决定带回家养着。

晚上，小德妈妈下班刚进家门，便听见客厅里喵喵叫的声音。待走到客厅，看到沙发上昨天刚换的垫子被猫撒了一泡尿，气不打一处来的小德妈妈，冲着旁边看电视的小德说："谁让你把这只猫带回来的？你看，脏死了，一点儿也不讲卫生，赶紧把它给我关到门外去，我可不想再见到它。"

看到妈妈生气了，小德忙解释说："这是我和奶奶在公园里……"

不等小德说完，小德妈妈就抢话道："不管是从哪弄回来的，总之，不能养动物。万一它把你抓伤了怎么办？"

小德接着说："妈妈，不会的，它很温顺的……"

此时的小德妈妈根本听不进小德任何解释，不耐烦地说："总之，我说不能养就是不能养，不要再说了，最迟明天把它送走。"

见妈妈不讲道理，小德的倔脾气也上来了，冲妈妈嚷嚷道："为什么你不尊重我的感受？为什么我不能养？"

见小德反驳自己的命令，小德妈妈更生气了，她大声指责小德："你这孩子，跟我还谈尊重，告诉你，你是我生的，我说的话你就要听，不听话小心我揍你！"

见妈妈威胁自己，小德也不甘示弱地说："打人是犯法的，法律规定，父母不能打孩子。"

看到小德不听话，还反驳得头头是道，小德妈妈觉得特别生气，便顺手拿起墙角的鸡毛掸子朝小德的屁股和背上狠狠地打了几下。挨打的小德一边哭，一边嘴里嚷嚷着："妈妈，你不讲道理，你以大欺小，你以强欺弱。"

小德说完便跑回房间去哭了。看着小德的背影，再看看眼前的这只小猫，小德妈妈也坐在沙发上生起闷气来。没过多久，小德奶奶买完酱油回来了，看到小德妈妈满脸的不高兴，便追问了生气的原因。

当知道母子俩刚刚因为收养的一只猫起了冲突后，小德奶奶便连忙解释："你错怪小德了，这只猫是我们在公园里捡的，本想养几天就送人的，可小德说把它留下来，无聊的时候可以给我解闷。如果你实在不喜欢，明天我就问问周围的人，谁喜欢就送给谁。"

听到奶奶的解释，小德妈妈才发现自己错怪了小德，由于自己的强势与武断，让小德错失了为自己辩解的权利和机会；为了维护自己的权威，便对小德的反驳感到愤怒，还动手打了孩子。

在家庭教育中，像小德妈妈这样不给孩子解释和争辩机会的父母大有人在。他们总想着如何让孩子听话，却从未给予孩子解释的机会。

孩子也有自己的情绪和思想，为什么他们受到无端的猜疑与误解，就不能发表自己的真实想法呢？难道就因为他只是个孩子吗？如果仅仅是这个原因，就抹杀孩子替自己争辩的权利，那也太不讲理了。毕竟，分歧与争辩是同时存在的。父母不能把孩子的解释和争辩看作是顶嘴和不听话，如果抱着这种思想去教育孩子，孩子日后就不会有胆量与勇气表达出内心最真实的想法。

如果父母不想让孩子变得沉默和怯懦，就不要说"你是我生的，我说的话你就要听"等类似的话了。应在交谈时给予孩子争辩的权利，让孩子在争辩的过程中建立自信，成为一个有主见、有胆识的人。

为人父母，若想让亲子间沟通和谐顺畅，想让孩子自信勇敢，那么就给予孩子争辩的权利吧！当你这样做了，你便会发现孩子会成长得越来越好，越来越优秀。

父母之间爱的氛围，是孩子的安全感底色

在本节开始之前，我想问各位父母一个问题，如果孩子有选择的权利，他们还会选择你们做父母吗？他们还会来到你们的家吗？

我想有的父母可以很大声很自豪地说："会！"而有的父母可能会犹豫，然后充满深深的自责，因为他们觉得自己没能给孩子一个幸福、完整的家庭。

我提起这个话题，并不是要苛责那些单亲家庭的父母，因为婚姻的幸福与否不是一个人能决定的，有时候分开也不失为一种明智的选择，而单亲父母也会以自己的方式给孩子最好的爱。我之所以说这番话，是想告诉各位父母一个重要的事实：婚姻关系是家庭关系的核心，父母相亲相爱能带给孩子莫大的安全感。

一、婚姻关系是所有家庭关系的核心

在很多家庭中，亲子关系占据了其他情感关系的空间，孩子成

了父母生活的重心。但是，别忘了婚姻关系才是家庭的核心关系。因为婚姻是父母情感的归宿，也是家庭幸福的根源。父母们不要忽略了那个将要陪伴自己最长时间的人——你的妻子/丈夫，只有经营好夫妻感情，孩子才能在充满爱的环境中成长。

据我观察，很多夫妻都在自己的婚姻问题面前选择了逃避，任凭夫妻关系日益冷淡。夫妻之间感情不好，大人就会在不自觉间把负面情绪传递给孩子，甚至让孩子夹在中间两头受气。久而久之，家庭关系就会变得越来越恶劣。

在生活中，我们常常看到很多父母忍受着痛苦的婚姻，一直拖到孩子高考后，甚至工作后才选择分开。他们一面把生活中的痛苦和不快乐带给孩子，一面又说"如果不是为了孩子，我怎么会忍下去"。这些父母的心中有一个这样的逻辑：要给孩子完整的家庭，为此可以牺牲父母个人的幸福。

不得不说，这些父母的想法很伟大，因为长期忍受不幸福的婚姻，真的需要很大的勇气。可是父母们忘了，孩子也和他们一起，长期生活在不幸福的家庭里。虽然孩子有一个形式上完整的家，有爸爸、妈妈，有稳定的经济来源，但是在这个家里，孩子体会不到父母之间任何的爱，也感受不到家人之间的温暖和爱，孩子体会到的只有感伤、委屈和愤怒。长此以往，孩子很容易对婚姻产生不好的看法，他们会认为婚姻中只有满地鸡毛。

如果想要让孩子有幸福美满的人生，首先要让孩子相信，这个世界上存在幸福和美满。让孩子相信的最好方式就是父母认真经营婚姻，让孩子看到、感受到平凡而幸福的家庭生活。

只有父母相爱，才能给孩子一个充满爱的家，一个充满安全感的成长环境。

二、相爱的父母，才能造就幸福的家庭

一对相亲相爱的父母会带给孩子怎样的影响呢？

父母相爱，
孩子也会更懂爱

1

父母相爱，
孩子更有安全感

2

父母相爱，
孩子更会与人交往

3

父母相爱带给孩子的有益影响

1. 父母相爱，孩子也会更懂爱

夫妻间和睦的感情，是滋养家庭的源泉，不仅可以让孩子浸润在爱中，也会让孩子更懂得如何爱人。

当母亲得到丈夫的关爱时，她会变得更有魅力；当父亲被妻子夸赞，他会变成孩子的保护神和好榜样。在这样和睦的家庭关系中，孩子的性格会变得乐观向上，也更懂得欣赏他人、赞美他人。

2. 父母相爱，孩子更有安全感

父母相爱、家庭和睦，孩子的心里会感到喜悦和满足。更重要的是，父母相爱会让孩子感受到来自父母共同的爱，而双份的爱能

给孩子足够的安全感，会让孩子变得勇敢、独立。即使遇到了困难和恐惧，孩子也会因为父母的爱和家庭的温暖而感到安全和安心。因为，家庭是孩子的依靠和后盾，孩子在成长的道路上也会更有底气。

3. 父母相爱，孩子更会与人交往

家庭是孩子最初的学校，父母之间的相处，会让孩子学会人际关系的第一课。如果父母互敬互爱，孩子也会温和有礼、乐观自信。孩子的气质和言行举止中也会自然散发出积极和友好的信息，这样的孩子更容易受到他人的喜爱和尊重。

而父母关系冷淡，经常争吵、冷战，甚至破口大骂，孩子的心中也会积累很多负面情绪，并在人际关系中表现得尖锐、冷漠或者暴躁。

家风可以代代传承，幸福的家庭也可以一代代延续下去。因为父母相爱，为孩子树立了健康的婚姻观、家庭观，孩子长大后也会像父母一样用心经营自己的婚姻，对自己的家庭充满责任感。

明智的父母，从不在孩子面前发牢骚

　　遇事发牢骚是一种非常消极的应对方法，它只能让我们图一时的痛快，但无法帮我们解决问题。发牢骚也是对他人情绪的一种侵害，父母在孩子面前抱怨，会把消极情绪传染给孩子，而且会让孩子感到有压力。长期被父母的牢骚荼毒的孩子不仅胆小不自信，而且敏感多疑。因此父母最好不要经常当着孩子的面发牢骚。

　　可是，由于生存压力越来越大，很多父母经常对着自己的孩子发牢骚："你这个孩子一点儿也不乖""太不争气了""没有一点儿上进心""太让我失望了"……这些话语会深深地刺伤孩子的自尊心和自信心，即使是成年人，每天面对这么多的负能量和批评，也会慢慢失去信心，更何况是孩子呢！

　　有些人把抱怨当成自己宣泄情绪的方式，如果只是为了发泄一时的不满，偶尔抱怨倒也没什么关系，但是在孩子面前抱怨就不妥了。为什么？看完下面这个案例，你就明白了。

　　小娟放学回家后很不高兴，板着一张脸，妈妈追问后才知道，原来小娟考试没考好。于是，小娟妈妈让她分析一下自己没考好的原因，谁知道小娟找了一大堆理由，比如考试题目太偏、同桌打扰她学习、老师讲得太快等。

听了小娟的话，妈妈非常生气，她忍不住对小娟说："你怪这个怪那个，怎么不找找自己的原因呢？"

小娟立刻回嘴："你让我反省，你自己怎么不反省呢？"

"是你没考好，又不是我没考好，为什么要我反省。"妈妈生气地说。

"你每天一回家就发牢骚，抱怨你公司的那些破事，我听得烦死了，哪有心情学习。"小娟理直气壮地说。

小娟或许只是在找借口，但是小娟妈妈真的应该反省一下，自己是不是在孩子面前发牢骚发得太多了。很多父母数落起孩子的问题，那是一天一夜也说不完，但却很少反思自己的牢骚和抱怨给孩子带来的影响。

有的父母经常在孩子面前发牢骚，抱怨自己的孩子没有别人的孩子优秀，我认为这种抱怨和牢骚除了会加重孩子的心理负担以外，没有任何作用。

须知"人外有人，天外有天"，这个世界上优秀的孩子多得是，无论怎么比都是比不完的。望子成龙、望女成凤，是父母的心愿，可是孩子的成材并不是比出来的。

而且可以肯定地说，每个孩子都不希望比别人差，他们都希望得到夸奖和肯定，尤其是来自父母的肯定。如果父母总是把自己的孩子拿来和其他孩子相比较，那么只会产生两种结果，要么孩子会变得很虚荣，要么孩子会变得不自信，这两种结果都是不利于孩子成长的。

我们对孩子可以进行纵向比较，就是将孩子现在的模样与过去的模样进行对比，看看进步了多少。但不能把自己的孩子与其他孩子进行横向比较，因为每个孩子都有自己的独特潜能，这些潜能会随着时间的推移逐渐显现出来。横向比较会扼杀孩子的潜力，而纵向比较不但能让父母看到孩子的成长和进步，而且能让孩子更有动力。

对孩子的不满意并不是父母抱怨和发牢骚的唯一原因，职场压力、生活琐事、天气恶劣、房价上涨、同事拌嘴等都有可能成为牢骚和抱怨的话题。生活中和工作中不顺心的事有很多，如果事事都要抱怨和发牢骚，我们的心态迟早会失衡。

发牢骚和抱怨不仅不能解决实际问题，还会把坏情绪带到实际生活中来，喜欢发牢骚的人会不自觉地把别人当成坏情绪的垃圾桶。一般来说，在家庭中充当这个"情绪垃圾桶"的人，不是伴侣就是孩子，时间一长他们也会受坏情绪的影响，家庭也会因此失去和睦。

所以，父母应该学会克制自己的情绪，减少抱怨和发牢骚。如果不开心又无法找他人宣泄，可以试着听一段舒缓的轻音乐，或者做做有氧运动，让紧张的情绪逐渐得到释放，让自己的心慢慢平静下来，行之有效地调节好自己的情绪。

此外，父母应该和其他家庭成员约法三章，不管遇到任何事，都不在孩子面前抱怨，有什么事可以私下讨论，不要让孩子卷进父母的坏情绪中。

父母如果喜欢在孩子面前发牢骚，会让孩子也养成这种坏习惯，当他们稍有不如意的时候，也会开始发牢骚；孩子做错事时，也会发牢骚，抱怨其他人，并推卸自己的责任。所以，聪明的父母从不在孩子面前发牢骚。

父母的冷漠，是对孩子最大的伤害

童年对人的影响是持续一生的，幸福快乐的童年会成为我们一生的养分，而充满痛苦和冷漠的童年会成为一生都无法愈合的伤口。关于童年的记忆，大多与父母有关，孩子童年是否幸福也与父母的态度息息相关。如果父母在孩子的童年时代对他们采取冷漠的态度，那么孩子的情感需求就不会得到满足，性格和心理也不会得到健康的发展。

才华横溢的女作家张爱玲曾在《天才梦》中写道：

当童年的狂想逐渐褪色的时候，我发现我除了天才的梦之外一无所有——所有的只是天才的乖僻缺点。世人原谅瓦格涅的疏狂，可是他们不会原谅我。

　　这句话说尽了张爱玲童年时代的遗憾与伤痛，她生在一个富裕的家庭，从小生活优渥，可是父母却没有给她足够的关爱。张爱玲的父亲是旧社会的纨绔子弟，母亲却是典型的新派女性，两人看似门当户对的婚姻却没有多少感情可言。由于父母之间感情淡漠，张爱玲从小就没有得到过多少父母的关爱，她和父母的关系甚至不如和姨太太的关系亲密。父母的冷漠让张爱玲养成了极度缺爱、敏感、自卑的性格，这也为她后来的坎坷情路和孤独人生埋下了伏笔。

　　父母的冷漠会深深地伤害孩子，并有可能让孩子的性格产生缺陷。而人们常说"性格决定命运"，性格有缺陷的孩子在人生道路上会遭遇更多的挫折，也更不容易获得幸福。父母们应该意识到，给孩子一个快乐而温暖的童年，就是赋予孩子获得幸福的能力。冷漠不仅会刺伤孩子幼小的心灵，还有可能让他们错失幸福人生。

　　为什么有的父母会对孩子冷漠呢？原因是复杂的，有可能是因为对突然到来的新生命没有期待；有可能是没有做好当父母的准备，疏忽了孩子；也有可能是将自己的痛苦和怨恨转嫁到了孩子身上。如果父母是出于这些原因对孩子冷漠，就要尽快调整自己的心态，寻求外界的帮助，不要在伤害自己的同时也伤害了孩子。

　　除了上述原因外，还有一个最普遍的原因，那就是父母错过了与孩子建立亲密关系的敏感期。很多留守儿童和他们的父母就属于这种情况：孩子小的时候，父母要外出工作，只能由爷爷奶奶照顾，当爷爷奶奶年纪大了，无力照看孩子时，父母就要开始亲自照顾孩子了。可是，此时的父母已经错过了孩子的依恋敏感期，即使他们想和孩子建立亲密的亲子关系，也有心无力，因为孩子和父母之间已经产生了一层无形的隔阂。

当孩子和父母之间产生隔阂以后，如果父母不能很好地理解和应对这种情况，就会受到孩子负面情绪的影响，并成为对孩子冷漠的家长。为了避免这种情况发生，父母应该尽量多陪伴孩子，不要错过孩子生长的关键期，并且要多学习和教育及心理相关的知识，正确处理自己与孩子之间的关系，不要让自己的粗心和冷漠造成遗憾。

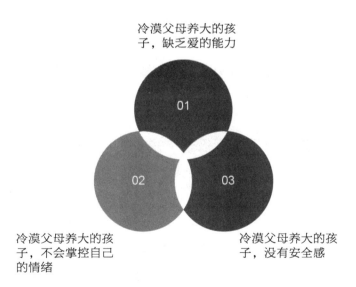

冷漠父母带给孩子的不良影响

说了这么多，冷漠父母养育大的孩子究竟会变成什么样呢？我认为，只有认识到后果的严重性，父母们才会真正重视孩子的心智成长，并注意自己的一言一行，不把冷漠和伤害带给孩子。

一、冷漠父母养大的孩子缺乏爱的能力

爱与被爱，都是一门学问，而与父母的亲子互动，是孩子人生中关于爱的第一课。如果家庭中的亲子关系冷漠，那么孩子就学不会如何爱人、如何被爱。这样的孩子在长大后会表现出两个极端，一个极端是极度缺爱，在婚姻和恋爱中表现出极度卑微和小心翼翼，即使再痛苦也无法脱离感情的旋涡；另一个极端是害怕被他人所爱，由于在童年时代没有得到父母的关爱和照料，孩子长大后会对他人的爱保持高度警觉，当有人对他表达爱意的时候，他会不知所措，并且会选择逃避。因为他们在原生家庭中没有体验过足够的爱，所以也不会接纳爱、回应爱，回避依恋型人格就是这样形成的。

二、冷漠父母养大的孩子不会掌控自己的情绪

感受情绪、表达情绪、控制情绪都是需要学习的，冷漠父母养育的孩子往往很难知晓和体会他人的情绪，别人欢笑、哭泣或情绪剧烈波动时，他们可能会感到莫名其妙。换句话说，他们的共情能力较弱。在与人交往的过程中，共情能力弱的人会给人冷漠的印象，他们的人际关系也会因此而受到影响。

在生活中，我们会遇到各种各样的事，并会因这些事件而产生各种各样的情绪。为了自己的身心健康，我们必须学会表达自己的情绪，如果不能宣泄负面情绪，我们会持续地受到伤害，如果不会表达快乐的情绪，我们就不会与他人分享幸福和快乐。可是，冷漠父母养育的孩子很难与人分享情绪，除非他们长大后有机会再次学习。

冷漠的父母很少与孩子互动，所以孩子无法从他们身上学习如何管理情绪。如果孩子不会掌控情绪，长大后就会成为别人眼中低情商的人。我们都知道，低情商的人很容易在生活、工作和感情中碰壁。

三、冷漠父母养大的孩子没有安全感

缺少父母关爱的孩子很容易产生不安全感，而且这种不安全感会伴随他们成长。不安全感会让孩子在人际关系中走上两种极端，一种极端是封闭自己，不允许任何人走进自己的心门，没有任何可以深交的朋友；另一种极端是在人际交往中表现得非常焦虑，极端渴望亲密关系，而且分不清人际交往的边界，经常做出让人反感的"越界"行为。无论是封闭型还是焦虑型，这两种人都不会建立很和谐的人际关系。

父母对孩子的冷漠就像一把利剑，刺伤孩子的心灵，也让亲子关系蒙上阴影。每一个孩子都渴望父母的爱和关怀，如果父母让他们一次又一次地失望，他们就会在痛苦中把自己封闭起来，变得越来越小心、敏感和自卑，一旦这样的性格形成，孩子的人生道路就会变得坎坷。

也许，受过冷漠伤害的孩子会通过后天的努力与自己和解，重新学会爱、拥抱爱，但是身为父母，我们为什么不能给孩子多一点阳光，让孩子的童年多一些幸福和快乐呢？父母的冷漠是一把双刃剑，既伤了孩子又伤了自己，孩子是一棵幼苗，父母的爱就是最好的养料。

第 7 章

传家风：七大实用教育经，赓续育儿好传统

父母在教育孩子的时候，应该念好"德""护""度""严""松""宽""放"这七字真经，教会孩子如何做人，保护孩子心智，对孩子有严有爱，用民主的态度对待孩子，让孩子在自由、宽松但有规矩的环境中成长。

"德"字经：教育的第一要务是德育

司马光在《资治通鉴》中，把人分为了四种：第一种是德才兼备的圣人，第二种是德高才低的君子，第三种是无德有才的小人，第四种是无德无才的愚人。司马光在分类时始终把"德"放在"才"的前面，可见一个人的德行有多么重要。父母在教育子女时，也应该把道德教育放在首位，可是有些家长却只关注孩子的成绩，忘了教孩子如何做人。

我有一个当老师的朋友，他给我讲过一个笑话，可我听了这个笑话却一点儿也笑不出来。有一次，朋友在课堂上问自己的学生应该怎样节约水资源，孩子们纷纷踊跃发言，有个孩子说："如果我们看到水龙头滴水，应该赶快把它关上，不要让水浪费了。"这时，有个男孩大声说："老师，我妈妈说水管滴水的时候水表不会走，不会浪费水，我妈妈每天都打开水龙头滴水。"

童言无忌，但是从这个男孩的话中，我看到了一个家庭道德教育的缺失和父母的坏榜样。这个男孩的妈妈以为自己占了小便宜，但却让自己的孩子吃了"大亏"。想象一下，假如任由这种情况发展，不给这个男孩正确的引导，那么他一定会逐渐养成自私、爱占小便宜的坏习惯，长大后也会成为一个无德之人。这个故事虽小，但却发人深省，它证明了家风对孩子道德品质的重大影响。

在孩子的道德教育中，家庭是最重要的场所，父母是最好的老师。身为父母，我们应该在孩子小的时候就开始关注道德教育，在日常生活中潜移默化地教导孩子做人的道理，用自己的一言一行给孩子做出正面示范，在孩子的心中种下道德的种子。孩子长大后会进入学校和社会，遇到很多人和事，并渐渐形成自己的三观，但孩子从小所受的优良道德教育会始终扎根在心中，让他们谨守做人的底线。

不过，父母在对孩子进行道德教育的时候一定要记得，时代是不断发展的，对孩子的德育教育也应该紧跟时代步伐、符合社会实际。而且，父母还要不断学习和反思，用科学的方法去培养孩子的优良道德品质。

一、什么是品德

说了这么多，到底什么是道德品质呢？一个拥有好品德的人具备哪些特征呢？家长又要如何对孩子进行道德教育呢？

简单来说，道德就是人应该坚守的原则和道义，也就是我们常说的礼、义、仁、信、孝、谦等品质。父母德育的第一守则就是告诉孩子哪些事可以做，哪些事不能做，哪些事是对的，哪些事是错的。

如果父母没有告诉孩子是非对错，并对其无原则地纵容，孩子就会觉得自己是正确的化身，任何人都不能违背他的意愿，而且还会习惯性地推卸责任。很多育儿书籍、教育理论都告诉父母们：要爱孩子、理解孩子、宽容孩子。可是，在教育孩子的过程中，只有宽容和理解是远远不够的，父母必须引导孩子、帮助孩子，让孩子懂得做人做事的基本准则。

有的父母对孩子的德育不以为然，他们认为孩子只要成绩好，长大了有本事会赚钱就行了，可是，一个品德有缺失的人真的能活得一帆风顺吗？说不定哪天就会搬起石头砸自己的脚。

一个人的眼界和格局与品德有关、与家风有关，父母的德育决定了孩子做人做事的态度，家风的熏陶决定了孩子人生的格局。教育孩子的第一要务就是品德教育。那么，父母在家庭教育中应该怎样念好"德"字经呢？

二、如何培养孩子的好德行

父母应该从以下几个方面入手，做好孩子的道德品质教育，培养孩子的好德行。

以身作则，当孩子的榜样

创造和睦、友爱的家庭环境

让孩子做力所能及的家务

带孩子参加社会公益活动

教孩子正确面对挫折和失败

培养孩子好德行的方法

1. 以身作则，当孩子的榜样

有的父母特别喜欢讲道理，但他们没有意识到，讲和做是两件事。如果父母浪费却要求孩子节俭，父母不爱收拾却要求孩子保持整洁，父母斤斤计较却要求孩子宽容大度，父母说话不算话却要求孩子信守承诺，孩子怎么可能会服气呢？

学校也会对孩子进行德育，如果孩子发现，学校教的和父母做的完全不一样，他应该相信谁呢？他还会对道德有敬畏之心吗？父母在他心中的形象还会那么高大吗？我在前文中曾无数次提到，父母教育孩子要以身作则，德育同样如此。父母在塑造孩子优良品质的同时，也是在修炼自己。

说到父母以身作则，我的脑海中浮现出一件很久以前遇到的小事。有一次，我在路口等信号灯，一个孩子拉着妈妈准备过马路，妈妈赶紧把孩子拉回来，对他说："现在是红灯，不能过马路，我们不可以闯红灯。"

孩子说:"只有5秒钟就是绿灯啦,现在也没有车,我们为什么不能过呢?"

这时,这位智慧妈妈说了一句让我至今难忘的话:"红绿灯不仅在马路上,也在我们心里,有些规则必须遵守。"我想那个孩子在妈妈的教育下,一定得到了自己心中的那盏红绿灯。

这位妈妈给孩子示范的绝不仅仅是遵守交通规则,而是对规则和底线的坚守,她传递给孩子一个重要的信息:规则在我们心中。我们给孩子做德育的目的就是让孩子把外在的规则、道德内化,变成自己的行为准则,这位妈妈的言行与德育的宗旨不谋而合。

德育应该从生活中的一点一滴做起,从父母的一言一行做起。

2. 创造和睦、友爱的家庭环境

环境对一个人的影响是毋庸置疑的,在和睦、友爱的家庭中,孩子能看到父母是怎样与人为善、宽容待人的,从父母的做法中,孩子也能学会与人交往的正确态度。而在充满争执和暴力的家庭中,孩子只能学会冷漠、暴力和欺骗,这对道德品质的养成是非常不利的。

和睦、友爱的家庭一定是温暖的,如果孩子从小生活在温暖而充满爱的环境中,那么他的内心一定会萌生出更多的善意,他也更愿意对他人传达善意。家庭环境冷漠的孩子则有可能因为缺乏安全感而封闭自己的心,让自己变得尖锐而冷漠。

总而言之,想做好孩子的道德教育,营造良好的家庭氛围是父母们必不可少的工作。

3. 让孩子做力所能及的家务

做家务和道德品质看似风马牛不相及，但两者之间却有着潜在的联系。让孩子做家务一方面能让孩子知道劳动艰辛，以免养成奢侈浪费的习气；另一方面能让他们了解父母的辛苦，培养感恩之心。

很多孩子在家里就是小皇帝，好菜一定是他先吃，好东西一定是他先用，钱也是紧着他先花，总之，家里的任何人、任何事都要为他让路。做家务就更不用说了，父母和爷爷奶奶包办一切。孩子除了自己的功课以外，什么都不用做。但是，这样的小皇帝多半会变成小霸王，在学校里也十分霸道，找到机会就要欺负同学。为了不让孩子变成小霸王，父母有必要让孩子分担一些力所能及的家务，让他们明白每个人都有自己应尽的责任和义务，也让孩子学会正确地与家人和朋友相处。

让孩子做家务的好处有很多，不仅可以培养孩子的劳动技能、动手能力、责任感，而且对孩子认知能力的发展十分有益。

4. 带孩子参加社会公益活动

父母可以带孩子参加社会公益活动，参加这些活动能让孩子增长见闻，更全面地认识社会，还可以培养孩子的爱心和同理心。在参与公益活动的过程中，孩子的交际能力、处理问题的能力也会得到提升。更重要的是，社会公益活动能让孩子意识到，每个人都是社会人，都要对社会负责、对他人负责，在享受社会提供的便利时，也要为社会贡献一份微薄的力量。

5. 教孩子正确面对挫折和失败

我的父亲曾对我说："人在一帆风顺时，是看不出真正的修养的。在失败或陷入困境时，仍然坚守底线的人才是真正有品德有修养的人。"的确，很多人在遇到挫折和失败后，会被轻易击垮，变得一蹶不振、怨天尤人，甚至突破底线、不择手段。

父母要教孩子学会正确面对失败和挫折，让孩子在失败中领悟公平和正直的价值，在挫折中了解友谊与陪伴的珍贵，在不断跌倒和爬起的过程中，懂得成功不是天经地义的，失败也不是命中注定的。只有这样孩子才能学会坚守自己内心的底线，感恩别人的善意和付出。

德育是教育的第一要务，父母应该肩负起这个重大责任，用自己的智慧和言行去引导孩子，让孩子养成优良的道德品质。

"护"字经：
呵护孩子心智，让孩子拥有健全的人格

人生漫长，父母不可能永远陪在孩子身边，有些事，只能孩子一个人做；有些难关，只能孩子一个人闯；有些路，只能孩子一个人走。

当孩子还小的时候，父母可以时时刻刻守护在他们身边，为他们遮风挡雨。可是当孩子长大了，要离开父母独自上路的时候，父母要拿什么保护他们呢？答案是：健全的人格。

从小呵护孩子的心智，让孩子拥有健全的人格，就是父母给孩子最好的保护。著名的心理学家阿德勒曾说过："培养孩子健全的人格，这才是教育孩子的首要目的。"拥有健全的人格，孩子的人生之路会更加顺畅。

那么，父母应该怎样做，才能培养孩子的健全人格呢？

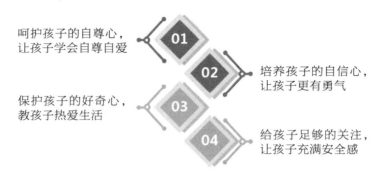

呵护孩子的自尊心，
让孩子学会自尊自爱

培养孩子的自信心，
让孩子更有勇气

保护孩子的好奇心，
教孩子热爱生活

给孩子足够的关注，
让孩子充满安全感

培养孩子健全人格的几大要点

一、呵护孩子的自尊心，让孩子学会自尊自爱

呵护孩子的自尊心，有助于培养孩子的完整人格。但是，很多父母在这方面做得不够好，不懂得尊重孩子，信奉"棍棒底下出孝子"，把孩子的自尊放在地上践踏。我曾经不止一次见过这种令人揪心的情景。

有一次，我路过一家小卖部，这家店的老板娘对着自己的女儿大喊："回来吃饭！"可是小姑娘和伙伴们玩得太投入，没有听到妈妈的话。

于是，老板娘气势汹汹地冲到女儿面前，狠狠地拍了她几下，对她吼道："喊你回来吃饭，你耳朵聋了吗！"在场的孩子全都吓坏了，老板娘的女儿只能尴尬又愤怒地离开了。小姑娘走后，旁边的孩子们小声嘀咕："她妈妈好吓人啊，我都不敢跟她玩了。"

小时候，我的邻居也和这位老板娘一样喜欢当众打骂孩子，他的孩子长大后变得比较自卑，做什么事都畏首畏尾。父母随意当众打骂孩子，会严重伤害孩子的自尊心，并让孩子逐渐产生自卑心理，这是非常不利于孩子成长的。

"没有自尊的人，几近于自卑。"自尊的对立面就是自卑，剥夺孩子的自尊，就会造成他们的自卑，而内心充满自卑的孩子是无法快乐地成长的。那么，父母要怎样保护孩子的自尊心呢？答案是：给孩子充分的尊重。

一个不被尊重的人，很难有自尊，因此，在孩子的儿童时代，父母就要尊重孩子，培养孩子自尊和自爱。健全的人格离不开自尊，由于心智不成熟，孩子的自尊是非常脆弱的，父母一定要悉心呵护。

二、培养孩子的自信心，让孩子更有勇气

每个人都有渴望被认可的需求，来自他人的肯定能让我们更加自信和积极。可是，受传统文化的影响，中国父母很少直接肯定孩子。要知道，父母的肯定对孩子来说就像是阳光，还可以帮他们驱散内心的阴霾，变得越来越自信。

父母的肯定是孩子自信心的重要来源，被父母质疑和指责的时候，孩子会感到孤独和不自信。这种孤独和不自信容易导致父母和子女之间产生沟通障碍，甚至还会让孩子产生心理问题，进而做出偏激的行为。所以，聪明的父母都善于鼓励孩子，给孩子自信。

美国通用电气的前CEO杰克·韦尔奇小时候有口吃的毛病，他自卑极了，但他的妈妈却说："这是因为你的嘴巴跟不上你聪明的脑瓜。"我想，如果没有妈妈的肯定和鼓励，杰克·韦尔奇的人生

说不定会是另一番模样。

在父母肯定和鼓励下长大的孩子，会更有自信、更有勇气，也更加敢于挑战。

三、保护孩子的好奇心，教孩子热爱生活

如果一个成年人能保持好奇心，是一种莫大的幸福，因为好奇心会让我们对生活充满热情，对未来保持期待。可是，很多人的好奇心在童年时代就被磨灭了，而抹杀孩子好奇心的最大"帮凶"就是父母。

如今，有很多父母都是"低头族"，一回到家里就埋头刷手机，既不陪孩子学习，也不花时间带孩子出去玩，培养孩子探索的兴趣。父母应该多带孩子玩，让孩子尝试不同的东西，开阔他们的眼界。有些父母认为，自己忙于工作，没有时间和精力带孩子到处旅游。其实，日常生活中也有很多有趣的事物，只要我们有一双善于发现的眼睛，就能带领孩子领略生活的乐趣。

说到这里我想起了著名主持人和记者吴小莉的母亲，吴小莉在一次采访中提到了关于妈妈的一件小事。吴小莉说她的妈妈是一个热爱生活、充满好奇的人，为了让女儿了解台风，妈妈会专门带着女儿站在阳台上看台风，即使被风吹雨打，也要让孩子亲眼看看台风的样子，亲身感受一下台风天气到底是什么样的。

母亲的好奇心和对真实的追求，深深地影响了吴小莉，当吴小莉成为一名新闻工作者以后，她对新闻品质的要求始终精益求精。

在生活上，吴小莉也在母亲的影响下成了一个热爱生活、敢于探索的人。

吴小莉母亲的做法可以带给我们很多启示，保护和培养孩子好奇心的最好方法就是让孩子亲身体验。父母可以从小事做起，比如带孩子去公园、郊外，亲近大自然；和孩子一起参观博物馆、美术馆，接受艺术和历史的熏陶；带孩子去菜市场、超市，了解真实的生活。

最重要的是，父母也应该和孩子一样，对世界保持好奇心，做一个热爱生活的人，并把这份热爱传递给孩子。

四、给孩子足够的关注，让孩子充满安全感

一个人是否有安全感，与他的童年经历紧密相关，长期得不到父母关注的孩子会非常缺乏安全感。缺乏安全感的人很容易受外界影响，并做出不明智的决定。

我有一个同学，他的家境不是很好，小时候父母忙于打工，很少关注他，而且经常在他面前哭穷。这给了他很大的心理压力，他的内心深处也产生了强烈的不安全感。大学期间，他为了赚取学费和生活费，每天都不停地打工、做兼职。由于内心的不安全感，他急于赚一大笔钱，打工已经满足不了他了。后来，急于赚钱的他被骗子钻了空子，不仅没有赚到钱，还背上了一身债务。毕业后的几年，他一直在还债，生活几乎陷入了泥潭。

我的这位同学由于缺乏安全感，所以拼命追求物质，因此让自

己陷入了困境。安全感能增强人对外在的把控能力，能让人更加坦然地面对生活。

人格决定了我们适应社会的能力，健全的人格可以让我们更好地认识自己、认识他人，也可以让我们更轻松地适应社会。所以，父母应该从小呵护孩子的心智，帮助孩子形成健全的人格。

"度"字经：
惯子如杀子，最好的爱一定是克制的

近年来，"熊孩子"在网络上引发了许多讨论，大家一方面对"熊孩子"的所作所为感到气愤，另一方面也指责"熊孩子"家长的不作为。看了这么多"熊孩子"的故事，大家一致认为，每个"熊孩子"背后都有一个"熊家长"。

这些"熊家长"在养育孩子的过程中没有把握好"度"，对孩子溺爱，殊不知，溺爱反而会害了孩子。俗话说"惯子如杀子"，不加克制的爱对孩子来说并不是一件好事，父母对孩子最好的爱一定是克制的。

有一次，我在小区散步，看到两个孩子打架，一个孩子扇了另一个孩子耳光，最令我吃惊的是，那个打人的"熊孩子"的妈妈竟然无动于衷，她既没有阻止自己的孩子打人，也没有给被打的孩子道歉。

被打孩子的奶奶看不下去了，她上前找那个"熊孩子"的妈妈理论，谁知那位妈妈却不以为意地说："小孩子之间打闹很正常。"被打孩子的奶奶实在气不过，就对自己的孙子说："他打你，你也打他，奶奶给你撑腰。"两个孩子立刻动手打了起来，这次，打人的"熊孩子"被打得很惨。最后，这两家人闹得很不愉快，大人之间也结下了梁子。

很多人在面对父母不作为的"熊孩子"时都感到无可奈何，只好安慰自己"以后社会会教育他"。这句话其实不无道理，因为每个人终究会走入社会，如果"熊孩子"进入社会后依然不改横行霸道的作风，那么他总有一天会栽跟头。因为，社会上的其他人没有义务也没有责任去迁就他、原谅他。

面对孩子的不当行为，父母们一定要严格管教，否则孩子长大后会因此付出代价。父母在教养孩子的过程中，一定要掌握"度"，避免溺爱和放纵。

一、溺爱，是一种伤害

爱自己的孩子是每个人的天性，但溺爱反而会伤害孩子。父母对孩子的溺爱是一种不健康、不理智的教育方式，溺爱会影响孩子的身心发展，给孩子带来以下危害。

1. 产生自我中心化倾向

有的父母把自己的一腔感情都倾注在孩子身上，这不仅会让家庭关系失衡，还会让孩子产生自己是家庭中心的错觉，认为大家都应该围着自己转。还有的父母不舍得孩子受一点儿委屈，只要孩子与人发生摩擦，就不分青红皂白地维护孩子，这会让孩子认为自己是绝对正确的，并习惯于把责任推给别人。长此以往，孩子会变得极端以自我为中心，不考虑他人的感受，缺乏责任感。

2. 失去独立能力

心理学家研究发现，受溺爱长大的孩子更容易发生统感失调（又称学习能力障碍，可通过训练纠正）。之所以会发生这种情况，是因为父母的溺爱剥夺了孩子独立自主的机会，慢慢地，孩子就习惯了不动脑筋或依靠别人。溺爱会让孩子失去独立自主的能力。

3. 承受挫折的能力差

溺爱型的家长有一个最大特点，那就是无原则地满足孩子任何要求。这样做会让孩子觉得自己的任何需求都必须被满足，自己做任何事都会一帆风顺。这样的溺爱和纵容会让孩子经不起一丝挫折。这样的孩子只要遇到一点儿小挫折，就会马上变得悲观消沉，甚至丧失生活的勇气。

4. 难以养成好习惯

有的父母溺爱孩子，什么都由着孩子的性子来，只要孩子喜欢，就不加管束。这种做法非常不利于好习惯的养成。合格的父母应该给孩子立规矩，帮孩子培养好习惯。

5. 不利于学校教育

受到溺爱，养成唯我独尊性格的孩子在学校和幼儿园容易和其他孩子发生矛盾，而且会因为霸道任性而受到老师的批评。而溺爱型的家长一般很反感别人的批评，因此，老师的教育也很难开展。学校教育和家庭教育应该是相辅相成的，如果家长一味偏袒孩子，不配合老师工作，将对孩子成长造成非常不利的影响。

二、父母应避免的八大"惯子"行为

父母在日常生活中应该怎样避免溺爱孩子呢？下面，我为大家总结出了八大"溺爱陷阱"，父母们可以根据这八点，看看自己在生活中是否犯了溺爱孩子的错误。

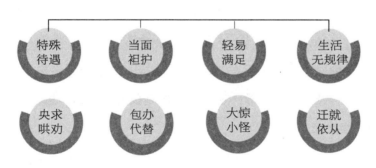

8种溺爱孩子的表现

1. 特殊待遇

特殊待遇就是把孩子的地位放在家庭中的第一位，好东西首先留给孩子吃，任何事都以孩子为先。比如，在有的家庭中父母和爷爷奶奶都可以不过生日，没有生日礼物，但是孩子必须过生日。这就是典型的特殊待遇。

2. 当面袒护

爸爸在批评孩子的时候，妈妈拼命护着孩子，爸爸妈妈想教育孩子的时候，爷爷奶奶站出来袒护，这些都属于当面袒护。

3. 轻易满足

孩子要什么，父母就给什么，丝毫不考虑实际情况。有的父母还会给孩子大量零用钱，这会让孩子养成奢侈浪费的习惯，不能吃一点儿苦，遇事也不懂得忍耐。当然，不轻易满足不是无视孩子的需求，家长应该自己把握好度，既不要对孩子过于严厉，也不要无条件纵容。

4. 生活无规律

不给孩子定规矩，让孩子想做什么就做什么也是一种溺爱。家长应该培养孩子规律的生活习惯，让孩子按时睡觉、吃饭、玩耍，要知道不规律的生活很容易让人养成懒散的生活态度。为了让孩子生活得更积极上进，父母一定要合理规划孩子的生活作息。

5. 央求哄劝

有的父母会哄着孩子吃饭，求着孩子学习，和孩子讲条件，比如答应孩子看完电视再吃饭，做完作业就给零花钱等。这种做法会让孩子变本加厉，做事越来越拖延，性格越来越骄纵。如果父母想让孩子成为一个有责任心、性格落落大方的人，就要拿出必要的魄力和威严。我们可以和孩子平等交流，但不能无原则妥协。

6. 包办代替

许多父母出于对孩子的溺爱，会包办孩子的所有事，吃饭、穿衣等小事都不让孩子自己做。父母包办代替的结果，就是孩子的自理能力差、社交能力差、责任感缺乏，而且孩子长大后也会难以独立。

7. 大惊小怪

孩子天生爱探索，充满好奇心，他们不怕水、不怕黑、不怕脏、不怕摔跤，可是后来他们什么都怕，这都是因为父母喜欢大惊小怪。比如，孩子摔倒后父母惊慌失措，怕孩子受伤，不让孩子离开自己半步，这样只会让孩子变得越来越胆小。

8. 迁就依从

有的父母怕麻烦，害怕孩子哭闹，就会选择无原则地迁就孩子。长此以往，孩子就学会了用哭闹、不吃饭要挟父母。应对孩子的哭闹和要挟，是对父母能力的考验，父母应该多学习育儿知识，用自己的智慧说服孩子，帮孩子改掉不好的习惯，而不是一味地迁就依从。

溺爱，不是真正的爱，每个孩子都是一棵幼苗，迎接外界的阳光雨露后才能成长得更茁壮，父母千万不要让溺爱剥夺了孩子的生命力。

"严"字经：没有规矩，不成方圆

曾有家长咨询我："孩子在暑假里整天疯玩，从来不学习，开学前才开始抄作业，怎么办？"

我的回答很简单：给孩子一个教训，让他长记性。很多父母都觉得这个方法太简单粗暴，我们应该用爱感化孩子，不应该使用暴力，也不应该过于严厉。

一直以来，我们都强调科学育儿，关注孩子的心理，当代的父母也都接受了这些观点。可是有些父母却矫枉过正了，他们认为孩子打不得也骂不得，管教也不宜过于严厉。

可是，我的观点是，如果孩子的行为太出格，父母一定要严加管教。而且，还要为孩子立规矩，约束他们的言行。最适度的教育应该是有严也有爱的。

一、教育孩子，要有爱有严

教育孩子要有严有爱，严就是让孩子有规矩，知道什么该做，什么不该做；爱是讲究教育方法，保护孩子自尊，关怀孩子的心灵。俗话说"没有规矩，不成方圆"，父母应该从小培养孩子的规则意识，当孩子违反规则后，要给予相应的批评和惩罚，并且要让孩子承担后果，只有这样才能让孩子成为一个有担当的合格社会人。

在给孩子灌输规则意识的时候，父母要让孩子遵守规则、明白规则的意义，但是不要用规则控制孩子，更不要企图用规则来代替教育。在进行规则教育时，父母最好能够结合实际生活，让孩子能更深刻地理解规则。另外，当父母为孩子制定规则后，最好不要随意更改，因为这样会让孩子无所适从。

教育学家提出过这样一种说法：不给孩子制定规则，是一种暴力行为。这句话要怎么理解呢？我们都知道，法律能够制约权力，而规则也同样制约强权，如果没有规则，父母会很自然地对孩子采取不平等的支配行为。

比如，父母给孩子制定了一条规则：每天晚上七点到八点可以看一小时电视节目。这条规则不仅制约着孩子，同时也制约了父母。如果没有这条规则，那么孩子能否看电视节目就完全取决于父母的心情，父母高兴了，孩子就多看一会儿，父母不高兴了，孩子就不能看。

教育孩子要立规矩，但规矩不能随心所欲地制定，要结合孩子的实际情况。如果父母能做到对孩子有严有爱，那么家庭教育就成功了一大半。

接下来，我们一起来看看，应该怎样为孩子立规矩。

二、怎样给孩子立规矩

一个忙碌的周一早晨，爸爸出门上班了，妈妈也准备送依依上学。可是，出门的时间就快到了，依依却稳稳地坐在桌前慢吞吞地吃早餐，妈妈着急地催促道："依依，快点儿吃，再不快点儿妈妈就要迟到了，如果迟到了会被开除的。"

依依根本不当一回事，还是慢慢地"品尝"着碗里的面条。妈妈生气了，说："你这个孩子太不省心了，专门给我找麻烦。"

晚上，爸爸下班回家了，妈妈告诉了他早上发生的事，于是爸爸也加入了批评依依的行列，他说："妈妈工作这么忙，还要送你上学，你还不配合妈妈，真是太不懂事了，再这样爸爸妈妈不要你了。"

我相信，很多家庭中都上演过类似的场景，这个场景传递给我们两个问题：第一，依依的父母没有给孩子立好规矩；第二，父母和依依的沟通不到位。

下面，我将结合这两个问题来谈谈如何给孩子立规矩。

给孩子一个明确的标准

说明真正的后果，不要吓唬孩子

批评和惩罚要及时

惩罚要合理，不要威胁

当时能解决就不要反复批评

给孩子立的规矩要简单、具体

讲清道理，不大吼大叫

借助故事和游戏让孩子接受规则

给孩子立规矩的方法

1. 给孩子一个明确的标准

依依的妈妈只告诉她"快点儿吃"和"要迟到了"，但并没有告诉孩子怎么个快法，要在几分钟内吃完，什么时候出门。这些具体的要求她都没有说，没有给孩子一个明确的标准。

依依妈妈可以这样跟孩子说："依依快吃，5分钟后妈妈就来收碗了，到时候就算没吃完也不能吃了。"

2. 说明真正的后果，不要吓唬孩子

依依的妈妈吓唬孩子"迟到了会被开除"，可是她每天都这么说，却没有真的被公司开除，依依当然不会把她的话当回事。而且，孩子对"开除"是没有概念的，他们甚至巴不得妈妈不上班在家里陪自己，所以，父母应该明确地告诉孩子后果，不要吓唬孩子。

依依妈妈可以这样说："如果时间到了你还没吃完，就不能吃了。"

3. 批评和惩罚要及时

依依爸爸下班后又一次批评了依依，我认为这种批评是无效而且滞后的。孩子的忘性比较大，早上发生的事，晚上可能就忘了，这时候再批评孩子，他们可能会不理解并感到十分委屈。因此，批评和惩罚一定要及时，只有这样才能让孩子理解并记住。

4. 惩罚要合理，不要威胁

依依爸爸对孩子说："再这样爸爸妈妈不要你了。"这是不切实际的威胁，不仅起不到惩罚的作用，还会让孩子产生被抛弃的感

觉。依依爸爸可以这样说："如果下次吃饭再这么慢，晚上就不能喝果汁。"这样的惩罚是合理而且具体的，孩子也明确了自己违反规则的后果。

5. 当时能解决就不要反复批评

孩子吃饭慢只是一件小事，妈妈完全可以当时就解决这件事。可是，她却把这件事告诉了爸爸，让爸爸再次批评孩子。这样不仅有可能让孩子受到二次打击，还会让孩子觉得妈妈没有威信，因为她什么都要靠爸爸，不能独立教育自己。

6. 给孩子立的规矩要简单、具体

孩子的理解能力有限，自控能力也不强，过于复杂和笼统的规矩会让孩子难以理解。比如，"收拾房间"这条规则就太笼统了，孩子可能会觉得无从下手，父母可以把这条规则改成"地面垃圾收干净""衣服叠好放衣柜""床上的被子叠好"等。

7. 讲清道理，不大吼大叫

父母给孩子立规矩时要讲清道理，不要以为孩子小就什么都不懂。父母讲的道理也许他们不能完全领会，但是他们能感受到父母尊重自己的态度，并因此顺从父母的要求。

如果道理实在讲不明白，父母应该温和地告诉孩子："这就是规定，大家都是这么做的，我们也应该遵守。"

8. 借助故事和游戏让孩子接受规则

父母应该充分运用自己的智慧，把规则融入故事或小游戏中，让孩子在轻松的氛围里理解规则，明白规则的意义。为了孩子的健

康成长，父母应该多动脑筋、多花心思。

孩子的规则意识必须从小树立，父母教育孩子不能只有爱没有严格的规矩，有时候对孩子严一点儿反而是一种爱的表现。

"松"字经：教孩子之前，先学会民主

古人说："一张一弛，文武之道也。"教育孩子同样要张弛有度。很多父母在教育孩子时不允许孩子违背自己的意志，要求孩子什么都听自己的。这种教育方法就是把家长的想法强加在孩子身上，并且不允许反抗，这无疑会造成反效果。

父母在教育孩子的时候不应该步步紧逼，要给孩子一些空间，多听听他们的想法。用所谓成熟的思想干涉孩子的选择，对孩子的兴趣爱好视若无睹，这样的做法对孩子的心理打击是非常大的。

一、尊重孩子的兴趣和想法

婷婷非常喜欢唱歌，并且具有一定天赋，老师将她选入了学校合唱团。而婷婷的妈妈则出于让孩子报考艺校的目的，给她报了美术集训班。婷婷更喜欢唱歌，她总是利用自己的业余时间练习唱歌。

有一天，婷婷在家里练习唱歌，妈妈听到后，大声呵斥她："唱得这么难听，有时间还不多练练画画！"

这样的呵斥对婷婷来说简直是家常便饭，她只能无可奈何地拿起画笔。可是婷婷并不喜欢画画，妈妈的行为让她感到不解，她不知道妈妈为什么总是让她做一些不喜欢的事。由于受到消极情绪的影响，婷婷的学习成绩变得越来越糟糕。

很多父母都像婷婷的妈妈一样，喜欢把自己的喜好强加给孩子，一厢情愿地逼迫孩子做他们不喜欢的事，而且容不得孩子拒绝，孩子稍有反抗，就非打即骂。失去选择权的孩子怎么可能有积极上进的心态呢？

也许，父母认为自己是为了孩子好，但是尊重孩子的兴趣和想法是很有必要的，父母即使不支持孩子的兴趣爱好，也不应该粗暴地打压。

俗话说"强扭的瓜不甜"，父母一味逼迫孩子会让亲子关系日益疏远，还有可能会引起孩子的叛逆心理。因此，父母应该学会尊重孩子的意愿，给孩子一些独立空间，不要把孩子逼得太紧。聪明的父母都懂得发扬民主精神，与孩子平等沟通，用巧妙的方法与孩子达成共识。

二、怎样做一个民主的家长

强迫孩子做他们不喜欢的事，只会适得其反。孩子喜欢的是懂得尊重他们的父母，愿意与他们平等对话的父母，民主的父母。

不过，做一个民主的父母并不是一件容易的事，你必须做到以下几点，并长期坚持下去。

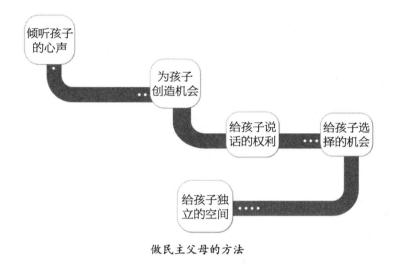

做民主父母的方法

1. 倾听孩子的心声

父母要经常找机会和孩子沟通，倾听他们的心声，加强对孩子的了解，多听取孩子的意见，让孩子学着自己做决定。只有这样，孩子才会愿意向父母敞开心扉。

2. 为孩子创造机会

父母可以把自己的经验提供给孩子，但不要替孩子做决定，应该让他们自己做出选择。此外，父母还应该多给孩子创造条件和机会，让孩子做一些自己感兴趣的事，说不定孩子会从兴趣中找到自己努力的方向。兴趣是最好的老师，它能激发孩子的热情和积极性，还可以开发出孩子的潜力。

3. 给孩子说话的权利

有的孩子在家庭中没有丝毫说话的权利，凡事都是父母说了算；还有的孩子在家里"一言九鼎""说一不二"，父母都要听他的。事实上，这两种情况都走了极端，父母应该在家庭教育中加强民主，多征求和采纳孩子的意见，如果孩子说得对，就给予鼓励，如果孩子说得不对，则可以和孩子共同讨论，让孩子明确利弊。

4. 给孩子选择的机会

父母在教育孩子时，要给孩子选择的机会，这样才能体现民主。比如，父母在买东西时，可以让孩子来选择颜色和款式，或者让孩子选择自己喜欢的玩具和书籍，再或者让孩子选择自己的兴趣爱好和理想，家长不强行干涉。

5. 给孩子独立的空间

每个人都需要心灵的空间和生活的空间，这样才能保证身心的健康发展，父母应该给孩子一个独立的空间。比如，为孩子准备一个房间，或者为孩子布置一张专属书桌，让孩子可以在独立的空间里做自己的事。

孩子的人生之路终究需要自己去走，给孩子准备一个独立空间，是让孩子有独自体验、独立思考的机会。

民主的教育值得提倡，但是民主不代表任何事都可以协商，有些原则性问题，父母一定不能退让。我们要知道，孩子有自己的局限性，看问题往往比较片面，所以，重大问题必须由父母和其他家庭成员共同讨论才能决定。

"宽"字经：允许孩子犯错，让孩子在接纳和安全感中健康成长

每个人都免不了犯错，但是犯错不要紧，只要愿意改正，就会在其中获得成长和进步。

可是，面对不断犯错的孩子，很多父母轻则骂之、重则打之。他们难以容忍孩子的错误，总是抱着求全责备的态度，经常因为孩子的一点儿小错就训斥和打骂孩子，给孩子的心灵带来了沉重的压力。

一、父母要允许孩子犯错

小虎喜欢打篮球，有一次他和几个小伙伴一起打篮球时没有控制好，篮球飞了出去，并且砸到了一个小朋友，小朋友的头很快肿了起来。这个小朋友和小虎住在同一个小区，晚上，小朋友的妈妈找到了小虎家里，对他的父母说："你家孩子用篮球把我家孩子的头打了，你看，肿了一个大包。"

小虎立刻紧张地说："阿姨，对不起，我不是故意的。"他竭尽全力地表达自己的歉意。

可是，小虎的妈妈却不干了，她大声训斥小虎："你打个篮球都能把人家的头砸了，你说说你还能干什么？真丢人！"

"妈，我不是故意的。"小虎小声说。

"你还敢还嘴？！下回再打到人，你以后就别玩篮球了。"小虎妈妈指着他的鼻子叫道。小虎被妈妈说了一顿，伤心地躲进了自己的房间。

"孩子不懂事，您见谅，孩子伤得严重吗？要不要去医院看看？"小虎妈妈又向那个被砸孩子的妈妈道歉。

那位妈妈不知所措，她没有想到小虎的妈妈会做出这样一番举动。

小虎的妈妈因为孩子的无心之过而武断地训斥他，这样的做法只会深深地伤害孩子的自尊心。如果小虎妈妈能够宽容一些，明白打篮球也是有危险性的运动，不严厉斥责小虎，而是提醒小虎下次注意，事情就不会变成这样了。

每个成年人都是在犯错中成长起来的，孩子也不可能做到十全十美，如果父母因为孩子的一点儿小错误就对孩子严厉斥责，甚至施加暴力，就会使孩子的心灵受到摧残。父母要理解孩子身上的不足之处，允许孩子犯错误，并教会孩子勇于承担自己的责任。

犯错并不可怕，可怕的是犯错后不承担责任。所以父母要在孩子犯错之后进行正确的教育和引导，让孩子在错误中有所收获、有所成长。

二、让孩子在犯错中成长

父母应该引导孩子正确面对错误，这样孩子才能成长起来，才能变得更有担当。

小嘉的妈妈给她买了一辆自行车，有一次，小嘉在骑车时摔倒了，不仅受了伤，连自行车也摔坏了。

小嘉害怕极了，回到家后她一句话都不敢说，妈妈发现她不对劲儿，就问她："小嘉，你怎么了？"

小嘉不敢说话，妈妈察觉到小嘉可能是犯了错误不敢说，于是耐心引导她："小嘉，不要怕，有什么事都可以跟妈妈说。"

小嘉小声说："我把自行车摔坏了。"

妈妈忙问："那你受伤了吗？"

"破了一点儿皮，可是自行车坏了，骑不了了。"

看到小嘉十分不开心，妈妈开导她说："没关系，骑自行车哪有不摔跤的，自行车坏了可以修嘛。"

妈妈不仅没有批评小嘉，反而安慰她，这种做法让小嘉不再害怕犯错。当孩子犯错时，父母的责备和训斥是于事无补的，责骂对帮助孩子改正错误是毫无帮助的。用正确的方法引导孩子弥补错误，并让孩子学会避免再犯同样的错误才是最重要的。

父母养育的是孩子，而不是那些不小心被打坏的物品，不要因为孩子的不小心而大声责骂。如果孩子一个不小心打破了东西，父母就大声责骂、严厉训斥，孩子就会产生这样的想法：父母不重视我，反而更看重被打碎的物品。有了这样的想法以后，孩子不仅不会吸取教训，还会因误会而与父母产生隔阂。

如果所有父母都能像小嘉的妈妈一样，不过分苛责孩子的错误，并引导孩子解决问题，孩子就会从错误中获得成长。他们也能从中感受到父母的爱和良苦用心，而且能从父母的教育中学到很多道理。

但是，如果孩子犯的是原则性错误，比如撒谎、偷窃、欺负同学等，父母就要严格教导，让孩子知道这种行为是不被允许的。同时还要用适当的惩罚让孩子引以为戒，不再犯同样的错误。

孩子的成长过程中应该有成功，也有失败，父母要允许孩子犯错，让他们经历挫折，并在挫折中得到成长。作为父母，我们要让孩子明白，错误并不可怕，重要的是能从错误中学到什么。

"放"字经：合理"放纵"，也是教育的必需品

著名教育学家陶行知说："家长要经常让孩子独自去做一些事情，让孩子多接触原来所没有接触的事情，在实践中去学习提高，并且通过自己的思考，慢慢形成自己处理各种事情的方法，避免僵

化、呆板。"

这句话的主旨是让家长给孩子发挥的空间，给孩子一些尝试的机会。为什么家长必须懂得"放"字经呢？

因为，很多成年人都有一个毛病：毫无主见，非常在意别人的看法，容易被别人左右。他们不敢发表自己的观点，不敢吐露自己的真实想法。而这种性格的形成，与他们童年时代受到的教育息息相关。据我观察，这类人几乎都在成长过程中受到了过度的管束。在本节中，我将结合案例来谈谈过度管束孩子带来的危害。

一、过度管束让孩子失去"翅膀"

幼儿时期是性格形成的关键阶段，如果一个孩子在幼儿时期从来不自己做主，总是按照别人的意愿来做事，那么这个孩子长大后就很容易受他人的影响。如果父母在孩子成长过程中经常给孩子贴标签、做评价，那么孩子长大后就会非常不自信，也容易失去自己的判断能力，甚至做什么事都要看别人的脸色。有很多成年人都做不到忠于自己，无法聆听自己内心的声音，就是因为他们太在意别人的眼光，习惯于看别人的态度行事。

其实，当孩子来到这个世界上时，他们是不在意任何人的眼光的，他们有一双自由飞翔的"翅膀"。可是父母的过度管束，让他们的"翅膀"被束缚，开始在意别人的眼光，学会掩藏自己的真实想法。

有的父母教育孩子要懂礼貌，逢人就要打招呼，即使孩子不愿意、不喜欢也不行，可是，父母能做到逢人就打招呼吗？父母就没有不喜欢的人吗？礼貌也要适度，别让过度管束把孩子变成"假笑男孩"或"假笑女孩"。

还有的父母生怕孩子受伤，任何他们认为会威胁到孩子安全的事物都被排除在孩子的生活之外，他们不准孩子游泳、溜冰和参加朋友聚会；不准孩子吃快餐、零食，这种养育方式看起来无微不至，但却令人窒息。长此以往，孩子会渐渐变得没有主见，遇事唯唯诺诺。

我有一个老同学，他的父母都是当地中学的教师，平时很喜欢以教育工作者自居，尤其是老同学的父亲，非常瞧不起那些打骂孩子的父母。不过，老同学的父母虽然从不打骂他，但对他的管教非常严格，而且独断专行，从不征求他的意见。

老同学说他的父亲经常挂在嘴边的一句话就是："我是为你好！"这句话是多少孩子的噩梦啊，老同学也不例外。虽然，他很反感父母的做法，但他从来都不敢违逆自己的父母，对于父母的一些与时代脱节的观点，他也不敢反驳。

大学毕业后，老同学想离家去外地工作，并借此摆脱父母的控制，但是他却在父母的眼泪和教训面前低了头。于是，他留在家乡找了一份安稳的工作，把最初的理想和抱负都埋在了心中。

我的这个老同学本来有机会去外面的世界闯荡一番，但是他却被父母的管束紧紧地束缚住了，失去了飞翔的"翅膀"。

二、给孩子一个自由的舞台

每个孩子都是一个独立的个体，他们需要一个自由的舞台去挥洒自己。可是很多父母都没有意识到这一点，他们把自认为最好的东西提供给孩子，却把孩子框在自己制定的标准之中，不给孩子任何自由发挥的空间。父母应该意识到，孩子具有独立的思想、独立的人生，他们不需要按父母的规划去做每一件事。况且，父母能保证自己的决定就是完全正确的吗？

事实上，有的孩子远比父母勇敢，他们富有冒险精神和好奇心，愿意去探索和尝试新鲜事物。举个很简单的例子，一般孩子学游泳都会比大人快。

很多父母或者祖辈都不懂孩子的心理，错把孩子"好奇""好玩"的心理特点当成了调皮捣蛋，于是把孩子看得很紧，这也不许，那也不让。有些父母还喜欢对孩子发号施令，我曾经见到一个父亲，他在半小时内连续命令了孩子十几次，平均几分钟就要命令孩子一次。我不禁同情那个孩子，因为他小小年纪就承受了如此巨大的压力。而且，我担心那个孩子在父亲日复一日的命令下会形成屈从、懦弱的性格。

有时候，父母的"诲人不倦"会变成"毁人不倦"，因为他们会把孩子的自主性和独立性扼杀在摇篮中。或许孩子曾经试图反抗父母，但是很快就会被父母镇压，在一次次的反抗与镇压中，孩子会走向两个极端，变得或叛逆或懦弱。

我们周围有很多在父母安排下生活的人，他们的求学、就业、婚姻都由父母安排，从小养成的逆来顺受让他们无从反抗，我甚至可以毫不夸张地说，很多人的一生都由父母包办了。在学校里，他们是听话的乖孩子，在工作岗位上，他们是对领导言听计从的好下属，他们已经在长期的束缚中失去了表达自我的能力，这样的人生难道不悲哀吗？

顺从并不代表不痛苦，面对强势的父母，孩子只能一再忽略自己的感受，内外的冲突让孩子的内心充满痛苦和矛盾，也非常容易产生心理问题。

在我看来，过分管束比打骂更可怕，父母应该试着让孩子自己做主，给他们更多自由发挥的舞台。

第 8 章

承家风：
一门好家风，兴旺三代人

"隔代教育"是当代父母们最关注的问题之一，面对孩子的教育问题，父母和祖辈的冲突一触即发，难道隔代教育真的教不好孩子吗？当然不是！如果父母和祖辈能够充分沟通，求同存异，那么两代人就可以优势互补，共同教育孩子。

两代人的教育观念大不同，怎么办？

当今社会的生存压力日益增大，很多年轻的父母为了负担起一家人的生活，只能把大部分时间都投入工作中。因此，养育下一代的任务就落到了爷爷、奶奶、外公、外婆身上。可是，两代人的生活环境、教育背景、生活理念和价值观都有很大不同，所以在教育观念上也很容易出现分歧。

教育观念上出现了分歧，如果不好好处理，就很可能升级成家庭矛盾、婆媳矛盾和夫妻矛盾，容易影响家庭关系和孩子的成长。因此，当我们遇到两代人的教育观念矛盾时，不要选择逃避，而是要用正确的方式解决它。

一、当"科学"遇上"经验"

年轻的父母们受教育程度高，接触过更多的科学教育理念，而老一辈也有自己的一套经验。无论是科学还是经验，都有其合理性，可是当两者碰撞在一起时，就会引发一场关于孩子教育的大战。

有年轻父母表示，很感谢老人帮忙带孩子，但是老人对孩子的溺爱也让他们感到头疼。遇到孩子摔跤的情况，爷爷奶奶会立刻把孩子扶起来，并安慰孩子，而大部分父母则会选择鼓励孩子自己爬起来。孩子哭闹时，很多年轻父母不会选择无原则迁就，这时爷爷奶奶就会认为父母是铁石心肠，对哭泣的孩子置之不理。喂饭是一个令年轻父母苦恼的大问题，很多孩子已经四五岁了，还让爷爷奶奶喂饭，而爷爷奶奶们也乐此不疲，心甘情愿地一边端着碗，一边追着孩子喂饭。

父母认为老人对孩子太过溺爱，容易让孩子养成坏习惯，形成以自我为中心的性格。对此，爷爷、奶奶、外公、外婆有不同的看法。他们认为自己养大了好几个孩子，每个都健健康康的，悉心照顾孙辈当然不在话下。

梁女士和她的婆婆就孩子洗澡问题展开了争论，梁女士认为孩子应该勤洗澡，因为幼儿皮肤细嫩，汗液和皮肤排泄物很容易让孩子起疹子，而且勤洗澡可以增强孩子的体质。而梁女士的婆婆则认为孩子太小，经常洗澡容易生病，也容易引起孩子哭闹，不脏就可以不洗。

一个小小的洗澡问题，就可以引发两代人观念的碰撞，在其他问题上父母和祖辈的分歧就更多了。那么，应该如何化解分歧，让家庭更和谐呢？

二、求同存异，化解分歧

我们应该本着求同存异的态度去化解两代人在教育理念上的分歧。为了避免引发不必要的家庭矛盾，为了让孩子健康成长，我有以下几点建议，希望能对大家有所帮助。

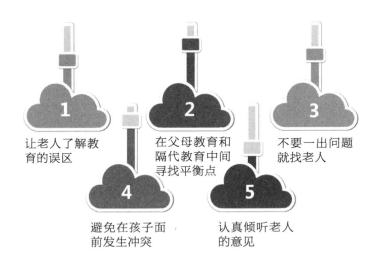

1 让老人了解教育的误区

2 在父母教育和隔代教育中间寻找平衡点

3 不要一出问题就找老人

4 避免在孩子面前发生冲突

5 认真倾听老人的意见

化解两代人教育理念分歧的方法

1. 让老人了解教育的误区

由于时代的局限，很多老人的教育理念存在误区，父母应该让老人了解这些误区，让他们意识到这些误区对孩子的危害。比如，爷爷、奶奶、外公、外婆爱孙心切，为孩子包办了一切，会让孩子失去学习的机会。

只有当老人了解了新的教育理念后，他们才会配合父母，共同教育好孩子。所以，年轻的父母不要怕麻烦，要多给老人灌输科学教育理念，但是也不要直接否定老人的经验，以免引起矛盾。

2. 在父母教育和隔代教育中间寻找平衡点

祖辈在教育孩子的时候要保持理智，分清爱和溺爱的界限，不要让感情控制了理智。父母在教育孩子的时候，要把握好自由和规则之间的界限，不要过度强调自由，忽略了规则。

3. 不要一出问题就找老人

在孩子的教育上，父母才是主体，父母应该意识到自己的责任，主动承担起教育孩子的重担，不要什么都依赖老人，出了问题也找老人。孩子的成长只有一次，错过了就不可能重来，父母不管多忙，都不要缺席了孩子的教育，不要把孩子的教育完全托付给老人，这样既不利于孩子的成长，也不利于老人的健康。

4. 避免在孩子面前发生冲突

当父母和祖辈在教育问题上发生冲突时，最好不要在孩子面前发生争论。因为祖辈和父母意见不同、僵持不下，会让夹在中间的孩子感到无所适从。而且，家庭中的争吵和矛盾会让孩子产生不安全感，对他们的心理健康不利。

5. 认真倾听老人的意见

父母要学会倾听老人的意见，不要一开始就否定和拒绝，因为老人的经验有时候也是十分有用的。父母可以主动告诉家里的老人，孩子喜欢什么，哪些东西对孩子的成长有利，要相信老人也能学习新理念，掌握新方法。

无论是父母还是祖辈，他们都有一个共同的出发点，那就是爱孩子。既然双方目标一致，就一定可以求同存异、化解分歧。

要"隔代亲"，更要"隔代教"

如今，隔代抚养的现象屡见不鲜，很多老人都承担着养育孙辈的重任。但是近年来，隔代抚养的许多问题都慢慢浮现了出来。

隔代抚养虽然能解父母的燃眉之急，但却无法代替父母的养育。爷爷、奶奶、外公、外婆更多的是在生活上照料孩子，教育的任务还是要由年轻的父母来承担。

当然，即使是照顾孩子的生活，老人也要注意以下几个方面。

隔代教育的三个关键点

一、不溺爱孩子

在爷爷奶奶眼中，小群是一个非常懂事听话的孩子，但是每当爷爷奶奶送小群去幼儿园时，小群就会不停地哭闹，不愿意上幼儿园。幼儿园老师告诉小群的父母，很多孩子刚上幼儿园时都会出现分离焦虑，但是一般持续半个月就会好转，像小群这样长期哭闹不愿上幼儿园的孩子很少见。

通过和小群父母的多次沟通，幼儿园老师终于发现了问题所在。原来，小群是爷爷奶奶带大的，在家里特别受宠爱，小群摔跤了，奶奶打地板，怪地板太硬弄痛她的宝贝孙女；小群不肯好好吃饭，爷爷端着碗一口一口地喂；小群和小伙伴闹矛盾了，奶奶就说小伙伴不好，让小群不跟他们玩。

在这种教育下，小群完全不知道应该如何与同龄的小朋友相处，所以幼儿园的小朋友们都不喜欢和小群玩，小群感觉自己在幼儿园受到了孤立，就更不愿意去了。

爷爷奶奶的溺爱，让小群变得十分自我，也不懂得分享，这导致她很难融入集体，也始终无法适应幼儿园的生活。

俗话说"隔代亲，格外亲"，祖辈们应该把对孩子的"亲"变成正面的教育和引导，而非溺爱与放纵。因为溺爱会让孩子难以融入集体，影响孩子的成长。

二、多带孩子和同龄人玩耍

和同龄人玩耍，能让孩子获得更多的快乐，爷爷奶奶要多让孩子和同龄人玩耍，让孩子在玩耍中学会如何与他人交流和相处，这对孩子来说是非常有益的。

很多老人害怕自己的孙子孙女被人欺负，动不动就干涉孩子交朋友，还喜欢指责其他孩子，殊不知，这种做法会让孩子无法与同龄人正常交流，让孩子失去朋友。

让孩子和同龄人玩耍，还可以培养孩子的社交能力和独立性，如果祖辈们因为害怕孩子受伤就不让孩子和同龄小伙伴玩耍，那么孩子就会变得越来越孤独和胆小，他们长大也没有能力处理复杂的人际关系。

老人带孩子时，可以在自己力所能及的范围内，多带孩子出门，让孩子和同龄人一起玩耍。当孩子们发生矛盾时，家长也不要参与，让他们自己解决。如果发现孩子在与人相处时出现问题了，家长要在事后教孩子正确的应对方法。

三、让孩子学会自己动手

明明从小就是一个非常聪明的孩子，4岁就会100以内的加减法，会背一百多首唐诗，明明一直是父母的骄傲。可是，明明上小学以后，成绩一直不理想，很多题目明明会做但却总做错。大家都说，明明很聪明，可就是太粗心，如果仔细些，考试成绩就会提升很多。

父母们经常抱怨孩子粗心，那么，孩子为什么会粗心呢？其实，这和孩子的生活习惯是息息相关的。如果父母和祖辈代劳太多，孩子的动手能力就会很差，做事情也容易马虎大意。很多家长都认为孩子学习成绩优秀就好，生活方面的事欠缺一点儿也没关系。但是，孩子的学习习惯和生活习惯是分不开的。生活上粗心大意，学习上也会如此。

隔代抚养的孩子很容易出现生活习惯不好、动手能力差的现象，因为爷爷奶奶和外公外婆总是恨不得为孩子代劳所有的事。

俗话说"授人以鱼不如授人以渔"。与其代替孩子做事，不如教孩子学会做事。父母和祖辈不可能一辈子照顾孩子，他们今后的生活终归要靠自己去面对。所以，教会孩子自己的事情自己做，养成良好的生活习惯，远比教孩子几首唐诗、几道算术题重要得多。

隔代抚养也有优势，一来老人们有充足的时间陪伴孩子，二来老人们对孩子普遍很有耐心，当父母的时间和精力有限的时候，隔代抚养能缓解家庭的压力，让孩子得到更好的照顾。不过，老人们也应该积极更新自己的教育理念，让隔代教育更科学，让孩子成长得更健康、更快乐。

爱是三代人最好的润滑剂

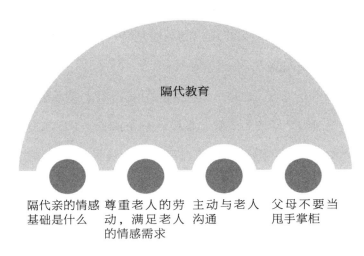

让隔代教育更和谐的四大要点

都说隔代抚养容易引发家庭矛盾，隔代抚养真的这么可怕吗？其实，我们大可不必视隔代抚养为洪水猛兽，因为隔代抚养的底色是爱，是父母对子女的爱，是祖辈对孙辈的爱。只要我们认识到这一点，就能很好地互相理解，共同教育好孩子。

一、隔代亲的情感基础是什么

我们要理解"隔代抚养"和"隔代亲"的情感基础，也就是搞清楚老人们为什么会对孙辈格外宠爱。

老人在带大自己孩子的过程中感受到了很大的成就感和价值感，可是当孩子成家立业后便不再依赖父母，老人会因此产生强烈的失落感。第三代的出现恰好能填补老人的失落感，年轻父母在养育孩子之初会手忙脚乱，而老人可以用自己丰富的育儿经验帮助他们，这让老人又有了体现自己价值的机会，他们会不遗余力地投入到照顾孩子的工作中。

老人在照顾孩子的过程中，会与孙辈产生深厚的感情。老人和孩子在一起时是那么的开心，当孩子不在他们身边时，老人会觉得怅然若失。一位奶奶说："小孙子不在家时，我的心里就空落落的，不知道该做什么。"在不知不觉间，孩子会成为老人生活的重心。

孩子和老人在一起时也会觉得幸福和开心，因为老人丰富的人生阅历让他们变得慈爱、宽容，孩子在他们身边不会感受到压力，这使隔代感情变得更加亲密和自然。

二、尊重老人的劳动，满足老人的情感需求

我们要尊重老人的劳动，满足老人的情感需求。

老人对孩子无微不至的照顾其实解决了年轻父母的实际困难，这是老人对子女的支持和帮助。年轻人也要尊重老人的劳动，对他们心存感恩，不要把老人的付出看成是理所当然的。有时候，祖辈的教育观点也许不那么正确，年轻父母在坚持自己做法的同时，也要尊重老人的想法。我们可以和老人沟通，适当听取他们的意见，

但千万不要贬低他们，也不要剥夺他们爱孩子、和孩子在一起的权利。有了孩子的陪伴，老人的生活会更充实、更开心，孩子也会更轻松、更自由。老人和孩子的快乐能极大地促进家庭的和谐。

三、主动与老人沟通

年轻父母应该主动和祖辈沟通，在孩子教育问题上达成一致。

我认为，在隔代教育问题上父母应该摆正自己的位置，要认识到祖辈可以帮忙照顾孩子，但不能代替父母养育孩子，不要把孩子甩给老人。就算工作再忙，年轻父母也应该承担起教育孩子的重任，当老人照顾孩子时，年轻父母要主动与老人沟通，了解孩子的成长情况，与老人讨论教育方法，尽到做父母的责任。

年轻父母与老人沟通时要讲究方法，用老人能理解的方式与他们沟通，或者侧面提醒。比如，年轻父母发现老人溺爱孩子时，可以通过讨论别人的教育经验，让老人意识到自己的做法不妥。不要当面指责老人，这样会伤了老人的心。

年轻父母应该鼓励老人学习新知识，参加社会活动，以达到开拓老人视野、转变老人观念的目的。

四、父母不要当甩手掌柜

父母不能长期将孩子扔给老人，有的父母只顾着忙自己的工作，对孩子不闻不问，这种做法会带来很多恶果。

有一次，我和同事聊起了孩子的话题。同事小张对我说起了他老家邻居的故事。邻居夫妻家住农村，平时在家务农，偶尔去城里打工贴补家用。在他们的女儿小涵10岁那年，夫妻俩为了让小涵有好的读书环境，就把她送去镇上的学校，吃住都在外婆家。上初中以后，内向的小涵变得不听话了，常常很晚回家。

外婆并不清楚她的去向，每次询问，小涵都非常不耐烦。直到小涵连着两天都没回家，外婆才着急了，赶忙通知小涵的父母。全家人四处寻找，终于在一间网吧找到了正在和网友聊天的小涵。家人一问才知道，她是偷了外婆100元钱来上网的。

父母一商量，觉得还是把小涵接回家比较好，可到家没几天，小涵就再次偷了父母的钱去了网吧。父母又打又骂，还是不能阻止小涵的行为。

据我的同事所知，小涵在家跟父母的沟通很少，尤其是到镇上读书以后，她由外婆照顾，与父母更是缺乏交流。问到小涵迷恋网络的原因，她说："有什么不开心的事我愿意跟网友说说，他们都能帮我出主意。"

孩子宁可把希望寄托于虚拟世界，也不愿和父母沟通，这不得不说是为人父母的悲哀。为什么小涵会产生偷钱上网的念头呢？就是因为她的家庭没有给她温暖，她的父母不懂得跟她交流，只会用打骂的粗暴方式来阻止她。

对孩子不闻不问、甩手不管，导致孩子出现问题，这是父母之过，不应该推到老人身上。只有父母负起责任，一家三代才能和谐相处。

孩子需要家庭中的每一份温暖，虽然有了老人照顾，但他们同样需要父母。就算不得已要与孩子分隔两地，父母也要多过问孩子的情况，多和孩子交流，并定期将孩子接到自己身边，以免造成亲子关系的疏远。

总而言之，爱是三代之间最好的润滑剂，只要年轻父母能和老人互相理解、互相体谅，就能营造和谐的家庭氛围，并提升家庭教育的质量。

参考文献

[1] 成卫卫. 青少年诚信品德的培育路径探析[J]. 山西青年职业学院学报，2015（4）：8–11.

[2] 方洪江. 浅谈现代家庭教育中的几个关键[J]. 贵州教育，2007（1）：21–23.

[3] 刘畅. 传承家风的曾国藩后人[J]. 新湘评论，2011（2）：53–55.

[4] 刘晓飞，廉武辉，刘小艳. 从"家风"建设看梁启超的"梁氏家教"[J]. 教育文化论坛，2016（2）：8–12.

[5] 夏爱华. 历代名人的家风[J].中国职工教育，2014（5）：68.

[6] 武春霞，秦葆丽. 论家庭教育中幼儿主体性的培养[J]. 吕梁学院学报，2016（1）：53–55.

[7] 牛志平."家训"与中国传统家庭教育[J]. 海南师范大学学报（社会科学版），2012（5）：79–85.